岩波講座
物理の世界

古典と量子の間

量子力学 3

古典と量子の間

首藤 啓

岩波書店

編集委員

佐藤文隆

甘利俊一

小林俊一

砂田利一

福山秀敏

本文図版

飯箸　薫

まえがき

物体の運動における等速直線運動は加速度運動の特別な場合である．多少もってまわった言い方をしてもよければ，「加速度運動は等速直線運動を内包している」ということになる．このことは力学を習ったことがあれば誰でも知っている．具体的にそれを示せ，と言われてもニュートンの運動方程式さえ忘れていなければ簡単にできる．

一方，われわれはよく「量子力学は古典力学を内包する」あるいは「エネルギーが大きい極限で量子力学は古典力学に近づく」という言い方をする．では具体的にそれを示せ，と言われたらどうすればよいだろう．ニュートンの運動方程式とシュレーディンガー方程式をただ並べて睨んでいてもなかなか答えは出てこない．

ただちに手が動かなければ，かつて自分が勉強した量子力学の教科書をひっくり返しながら，自分がどうやって「量子力学が古典力学を内包する」ことを納得したのかを思い出すのもよいかもしれない．量子論と古典論の関係が触れられているのは，たいていの場合，冒頭の部分と，それから必ずしも最後ではないが，ひとしきり量子力学の定式化の説明が完了したあとのことである．冒頭部分は，量子力学の成立過程を紹介するなかで出てくるものだが，どちらかというと歴史的な経緯のほうに重点が置かれていることが多い．一方後半は，最大の山場が過ぎやや緊張感が解けてきたところで，WKB 法など近似法の一部として古典力学が登場するだけで，こちらも「量子力学は古典

力学を内包する」ことを正面切って議論することは少ない．古典・量子ともにそれぞれの適用領域で矛盾する実験が見つかっているわけでもないし，量子力学建設時にさんざん議論されたことでもあるはずなので，まあそれなりにきちんとつながっているに違いない，つながっていないと困る．かなり人任せ的であるが，このくらいの感じでやり過ごした人が多いのではなかろうか．

では，「等速直線運動 vs 加速度運動」と「古典力学 vs 量子力学」はいったい何が違うのだろうか．そもそも，前者はニュートン力学の枠内の話であるのに対して，後者は異なる力学理論にまたがる話で，まったく話のレベルが違う，質問自体がナンセンスだ．確かにそれはそうである．しかし，そう反論する人はおそらくこの本を手に取っていない．等速直線運動が加速度運動の特別な場合であることの説明に比べると，プランク定数がゼロの極限で量子力学が古典力学に近づくことの説明は何とも回りくどい．この回りくどさは一体どこから来るのだろうか．それを突きとめるのが本書の目的のひとつである．

一方，歴史的にみれば，先に量子力学があり，その特別な極限として古典力学が見つかったわけでないのは言うまでもない．量子力学は「対応原理」を手がかりにしながら古典力学を基につくられたものである．そしてその建設途上，前期量子論と呼ばれる仮設の足場がまず組み立てられ，しかるのちに今日ある量子力学が完成したことはよく知られる．量子力学が完成した暁にはその足場は取り払われ，いまでは量子力学成立の前史として扱われるのみで現代物理学の前面に出てくることはほとんどない．

ところが，今日において古典と量子の関係を考えようとした

とき，その仮設の足場を再度掛け直す必要が出てくる．その理由は，量子力学が完成された後に発見されたカオスの存在である．すでに20世紀の初めポアンカレはカオスの本質を見抜いていた，と言われることもあるが，物理学の問題として本格的に意識されはじめたのは量子力学が完成したはるかのちのことである．量子力学建設時にはまったく念頭に置かれていなかったカオスが古典力学に発生しているとき量子力学と古典力学とはどのようにつながっているのか，当然起こるべきこの疑問を吟味していく中で前期量子論の考え方は再度活躍の場を得る．前期量子論は量子状態の骨格にある古典構造は何か，どのような古典対応物がどのような理屈で量子化されているか，ということをわれわれに教えてくれる．このことは内包されるべき古典力学がカオスを発生する場合には取りわけ重要になってくる．

　本書では，まず前期量子論の話を手がかりに「古典から量子」の向きで古典と量子と関係を考え，次に，量子力学を既知としてそこからいかに古典力学が出てくるかを考える，という具合に，「古典から量子」「量子から古典」を双方向に行き来しながら古典力学と量子力学との関係を探っていく．近年，量子情報，観測問題など，量子力学の基礎に関わるさまざまな問題が多くの関心を集めているが，そこで強調されるのは，どちらかというと古典と量子の間にある本質的な差異である．波束の収縮，量子もつれの問題，ベルの不等式で議論される確率の本質的な違いなど，古典力学にはまったく存在しない量子力学固有の側面がその議論の中心にある．それに対し本書は，本来整合的であると信じられている，むしろそうでなければ困る，と考えられている側面——前期量子論のなかで「対応原理」と表現されるもの——に光を当て，古典と量子が実はなかなか微妙な関係に

あることを明らかにすることを目的としている．そしてそこから派生する未解明な問題を紹介するものである．最終章で見るように，その中には「量子力学は古典力学を内包する」ことの確認が覚束ない状況すら含まれることになる．

　本書を執筆するに当たって，田中篤司氏には本書の構想段階で様々な相談に乗っていただいた．池田研介氏との長年にわたる多くの議論は本書全体の底流にあるものである．カオス系の半古典理論に関しては原山卓久氏との共同研究が筆者の出発点になっている．第3章の完全WKB解析に関しては，青木貴史，河合隆裕，小池達也，竹井義次，本多尚文の各氏からのご教示がなければ書けなかったものである．物理サイドからの完全WKB解析の紹介を試みたものであるが，頼りない部分の責任は専ら筆者にある．赤石暁，横尾太郎の各氏には丁寧に原稿に目を通して貴重なコメントをいただいた．最後に，執筆が大幅に遅れご迷惑をおかけしたにもかかわらず，暖かい励ましの言葉をかけ続けて下さった岩波書店編集部の各氏にこの場を借りてお礼を申し上げる次第である．

　2011年1月

首藤　啓

目 次

まえがき

1 古典から量子へ ･････････････････ 1
　1.1 前期量子論を学ぶ意義　1
　1.2 周期運動に対する古典量子化条件　3
　1.3 ボーアの量子化条件の多自由度系への拡張　9
　1.4 アインシュタインの疑問　15

2 量子から古典へ ･････････････････ 20
　2.1 古典論への回帰　21
　2.2 交換子の古典極限とポアソン括弧　22
　2.3 エーレンフェストの定理　28
　2.4 極小波束の時間発展　30
　2.5 経路積分における量子-古典対応　37

3 漸近展開とWKB解析 ･･･････････････ 46
　3.1 プランク定数ゼロの極限　47
　3.2 反射係数に見られる特異極限　50
　3.3 WKB解析の考え方　55
　3.4 漸近級数について　62
　3.5 WKB解析における漸近級数　64
　3.6 ボレル総和法とストークス現象　74
　3.7 接続問題再考　79
　3.8 完全WKB解析の考え方　83
　3.9 鞍点法とWKB解の発散　85

4 絡み合う特異極限 ･･･････････････ 92
　4.1 ナビエ-ストークス方程式と
　　　シュレーディンガー方程式　92

4.2　古典カオスのもつ特異性　94
4.3　可積分極限における特異性　102
4.4　量子カオスと特異極限　104

参考文献　115
索　引　119

1
古典から量子へ

　高校の物理でも習う「ボーアの量子化条件」は，量子力学のエネルギー固有値がとびとびの値を取ることを直感的に説明してくれる．原子の周りを回る電子は，その波長が軌道の周長の整数倍になるときのみ定常状態となる．量子力学を習った最初の例題として出てくる井戸型ポテンシャル問題も，両端の固定された弦の振動そのものである．量子力学の定常状態を通常の波の定在波として理解することが許されるならば，定常状態の古典的な対応物は，原子の周りを周回する，あるいは井戸の中を往復運動する周期軌道ということになる．「周期的な古典運動が量子力学の定常状態である」．この描像はいつでも正しいのだろうか．このあたりを最初の手がかりにしてみたい．

■1.1　前期量子論を学ぶ意義

　量子力学を学ぶ際，シュレーディンガーの波動力学やハイゼンベルクの行列力学に入る前に「前期量子論」と呼ばれる量子力学前史を習う．たいていの量子力学の教科書にも程度の差こそあれ，古典物理から量子物理への変遷，既成の概念がいかに

して乗り越えられたかについての説明が章を割いて述べられる．朝永振一郎著『量子力学 I』では，そのほぼ全編を「でき上がった量子力学を読者に紹介するよりも，むしろそれがいかにして作られたか」を示すことに費やされている*．力学，電磁気学，熱力学，統計力学などについて，特に科学史的な目的で書かれたものでもなければ，その成立前夜の試行錯誤に多くのページを割く教科書をあまり見かけないのと対照的である．

朝永著『量子力学 I』の序文には「いまさら，Planck の発見から始める必要は少しもないが，Bohr をへて Heisenberg, de Broglie, Schrödinger にいたる量子力学の幼年時代を，現在の立場で取り扱った適当な書物がないので，本当に量子の概念をつかもうとする若い研究者はしばしば困難を感ずることが少なくない」とあり，量子力学前史の解説が量子力学自身の理解を助けることを強調している．

この事情はいまでもあまり変わっていないように思われる．粒子と波動の二重性，波動関数と確率解釈，波束の収縮と観測問題などなど，古典物理の概念，素朴な実在論に慣れ親しんだ「ふつうの人々」には，とても納得できるものではない．

ハイゼンベルクは，ミクロな現象に関してわれわれが知り得る量はそこから出てくる光の振動数，強さ，あるいは偏りだけであって，直接見ることのできない原子内の電子の位置，電子が原子の周りを一周するときにかかる時間などは物理的に意味のある量と認めない，ある意味最もラディカルな立場を取ることによって行列力学を構築した．無限の行と列をもつ行列によって位置や運動量などの力学量を表現することは，それまで誰も

---

* 朝永振一郎『量子力学 I』，みすず書房，1969.

試みたことのない，物理量の定義そのものに手を付けたことになる．

それに対し，シュレーディンガーの波動力学は，ハイゼンベルクのアプローチと比較すると，多少なりとも古典物理との連続性を担保しているかのように見える．粒子と波動の二重性，という考え方は，光学における幾何光学と波動光学との関係になぞらえることもあって，行列力学に比べると比較的馴染みやすい．ほとんどの量子力学の教科書が，波動力学を最初に説明し，しかるのちに行列力学の導入を行う理由も頷ける．

量子力学と古典物理学との整合性についての最も素朴なレベルでの疑問は，仮に量子力学の基本設定とその計算手法をすべてマスターしたからといって解消されることはない．そこで，多くの量子力学の教科書では，序章として前期量子論の解説をしたあと「古典論への回帰」「波動力学の古典極限」などの章を設け，遠いところまでいってしまったミクロの世界の物理学が，古典物理学に再び戻ってくることを確認しその疑問に答えることになる．

■1.2 周期運動に対する古典量子化条件

黒体放射のスペクトル分布に見出された古典物理学の矛盾，すなわちエネルギーが不連続な値しか取り得ないことを説明するためにプランクが「エネルギー量子」を導入したことはよく知られる．物質はいくらでも小さいエネルギーを取ることができるわけではなく，エネルギーには最小値がある．デモクリトスに始まる原子論がすでにそうであるように，物質自身に最小単位があることについては，実証的証拠が見つかる以前にその可

能性が論じられてきた経緯がある.しかしながら,エネルギーにも最小単位が存在する,この響きは物質構造のそれとは明らかに異質なものがある.物理的直感やイメージは,われわれが日常的に目にし耳にする身の周りの現象の束縛を出ることがなかなかできない.仮に,この事実を認めることによってしか黒体放射の実験を説明することができないとしても,誰でもが認められる代物ではない.

エネルギーに最小単位が存在する,すなわち,エネルギーが量子化されていることに最初に解釈を与えたのはボーアである.古典と量子の関係を探っていくに当たって,まずは高校の教科書にも登場するボーアの量子化条件から考えていくことにする.いわゆる**ボーアの量子化条件**とは,周期運動を行う振動子のエネルギーが離散的な値を取ることを説明するものであり,以下で与えられる.

$$I = \oint p\mathrm{d}x = nh \qquad (n = 0, 1, 2, \cdots) \qquad (1.1)$$

言うまでもなく,p は運動量,x は位置座標,h はプランク定数である.

本書では,対象となっている系が何か,このことを意識することは重要である.ここではポテンシャル $V(x)$ の中で運動する1次元系として,つぎのようなハミルトニアン H

$$H(x,p) = \frac{p^2}{2m} + V(x) \qquad (1.2)$$

を考える(m は粒子の質量).ポテンシャル $V(x)$ によって粒子は束縛されるものとする.したがって,運動は位相空間 (x,p) で閉じた曲線となる.(1.1)の I は,位相空間上の閉曲線を一周する積分によって与えられる量で**作用積分**と呼ばれる.図1.1に示

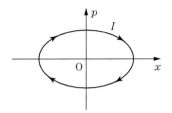

図1.1 位相空間 (x,p) 上のエネルギー一定の曲線.

すように，I は位相空間 (x,p) の閉曲線が囲む面積を表す．特に，I が断熱不変量となっていることは重要である．ここで，**断熱不変量**とは，外部から摂動を加えるなど何らかの方法でポテンシャル $V(x)$ を十分ゆっくり変形していったときに不変に保たれるような量のことである．系(1.2)に対する作用積分が断熱不変量になっていることを証明するのはそれほど難しいことではない．

ボーアがその量子化の条件を断熱不変量に対して課すに至った理由は，黒体放射のスペクトルに見られるウィーンの変位則を量子論的に説明するためである．**ウィーンの変位則**とは，黒体放射のスペクトルの最大強度の位置が温度と共にいかにずれていくか，という問題を古典電磁気学の枠内で導出したものである．その議論の中では，断熱圧縮および断熱膨張することによって空洞の温度変化を考えるが，そこから変位則を導出するには，空洞内の振動子に対する E/ν（振動子は線形の振動子が仮定されており，E は振動子のエネルギー，ν は振動数）が断熱不変量になっていることを使わなければならない．もちろん，すべてのスペクトル領域での実験を再現するのは，のちにエネルギー量子の仮定を用いて導出された有名なプランクの公式であるが，そこでも E/ν なる量が断熱不変量である必要がある．つまり，黒体放射のスペクトルの説明には，断熱変化に従って離散的な

状態(前者の場合には古典電磁気学の意味で,後者の場合には量子論の意味で)が同一の状態に保たれることがその議論の前提になっている.

作用積分 I に対する量子化条件は,同時にエネルギーの量子化条件を与える.たとえば,最も簡単な**調和振動子**

$$V(x) = \frac{1}{2}m\omega^2 x^2 \quad (\omega \text{ は振動数}) \tag{1.3}$$

を考えてみる.この場合,$I = \dfrac{2\pi E}{\omega}$ であるから,エネルギーは

$$E = n\hbar\omega \quad (\hbar = h/2\pi) \tag{1.4}$$

と量子化され,ゼロ点エネルギーを除けば,正しい量子力学の結果を与える.ここでは立ち入らないが,実はゼロ点エネルギーに対応する項も前期量子論によって導出することができる.つまり,調和振動子の量子力学は,前期量子論との過不足のない,完全な対応がある.

多くの教科書において,ボーアの量子化条件の適用例として次に挙がるのは水素原子であろう.水素原子は3自由度系であるが,全エネルギー,角運動量の(たとえば) z 成分,角運動量の絶対値が保存量として存在し,極座標表示したそれぞれの変数の作用積分 I_r, I_θ, I_φ に対する同様の量子化条件を考えることができる.正しい量子力学の予言する水素原子のエネルギー固有値は,主量子数 n を用いて

$$E_n = -\frac{e^4 m}{2\hbar^2} \frac{1}{n^2} \quad (m \text{ は電子の質量},\ e \text{ は素電荷})$$

という形を取るが,ボーアの量子化条件を課して得られた固有エネルギーは,主量子数 n を $n \to n' + k' + |m'|$ (n', k', m' は,3つの作用積分 I_r, I_θ, I_φ に量子化条件を課して得られる量子数)と

したものとして得られる.

このようにボーアの量子化条件(1.1)からエネルギーの具体的な表式を得ることが可能な系はごく限られる.しかし,量子固有状態の「古典的なイメージ」をつかむために大きな手助けになるのは間違いない.

では,ボーアの量子化条件はどこまで有効か,少し別の方向に話を進めてみよう.ここでは後の章でも考察の対象とする,調和振動子に4次の非調和項が加わった

$$V(x) = \frac{1}{2}m\omega^2 x^2 + \frac{1}{4}\gamma x^4 \qquad (1.5)$$

を考えてみる.3次の非調和項を入れるとポテンシャルの形が定性的に変わる(井戸が2つできる)可能性があるため非調和項の最低次は4次にしてあるが深い意味はない.知りたいのは,ボーアの量子化条件が量子力学の固有エネルギーを正しく予言するか,ということである.

「正しく」といっても,そもそもボーアの量子化条件は真の量子力学ではないのだから,いったい何を問題にすべきだろうか.たとえば,ボーアの量子化条件から予言される固有エネルギーと真の量子力学との差がエネルギーが高くなるにつれて次第に小さくなることがわかるとどうだろうか.エネルギーが高くなる極限は古典論に近づく極限と考えられるので,そのことが示されれば,量子力学の定常状態が古典力学の周期軌道に対応する,この素朴な描像の確証がひとつ増えることになる.逆に,ボーアの量子化条件の誤差が真の固有エネルギーの平均間隔を上回ることにでもなっていたとすると,ボーアの量子化条件はその意味を失うことになる.非調和といえどもさすがに1次元の振動子くらいではボーアの量子化条件が有効であってく

れないと困る．確かにそうである．しかし，そう断言できる明白な証拠を示すのは決してやさしくない．

いまの場合，量子化条件(1.1)をそのまま書くと

$$I = 2\int_{x_1}^{x_2}\sqrt{2m\left(E - \frac{1}{2}m\omega^2 x^2 - \frac{1}{4}\gamma x^4\right)}\,\mathrm{d}x = nh \quad (1.6)$$

となる．ここで，x_1, x_2 は，$\frac{1}{2}m\omega^2 x^2 + \gamma x^4 = E$ の条件から得られる**古典的転回点**である．エネルギーはこの(1.6)を E について解かなければならない．

一方，正しい量子力学のほうは，というと(1.5)のポテンシャルをもつ1次元のシュレーディンガー方程式が

$$\left[-\frac{\hbar^2}{2m}\frac{\mathrm{d}^2}{\mathrm{d}x^2} + \frac{1}{2}m\omega^2 x^2 + \frac{1}{4}\gamma x^4\right]\psi(x) = E\psi(x) \quad (1.7)$$

であるのでその固有エネルギーは，これを $\lim_{|q|\to\pm\infty}\psi(q)\to 0$ のもとで解いたものとして得られる．これもなかなか難しい．少なくとも，通常の量子力学の教科書にこの固有値問題が例題として載っていることはない．実は，4次の非調和項をもつこの微分方程式は，量子力学のみならず場の理論などにもよく登場するが，厳密解が知られていないのはもちろんのこと，摂動論的に扱うことも容易ではない．たとえば，4次の非調和項を摂動とみなし γ の摂動展開を考えてもその摂動展開が発散することは古くから知られている．

もちろん，計算機を用いることにより，ボーアの量子化条件から得られるエネルギーと正しい量子力学の固有値とがエネルギーの大きい極限で漸近していく様子を確認することは可能であろう．しかしながら後の章で述べるように，この非調和振動子の問題にはすでに，量子と古典の間にある微妙な関係のエッ

センスがぎっしりと詰まっていることのほうを強調したい．次章で再び非調和振動子の問題を考えることにして，とりあえずここでは少し目を転じて，ボーアの量子化条件の多自由度系への拡張を見ることにしたい．

■1.3 ボーアの量子化条件の多自由度系への拡張

先に触れた水素原子では，全エネルギー，角運動量の z 成分，角運動量の絶対値，という3つの保存量が存在した．この特殊事情があるおかげで3つの作用積分 I_r, I_θ, I_φ に対して1次元同様の量子化条件を考えることができた．

一般の多自由度系ではどのような量に対して，またどのように量子化条件を考えるべきだろうか．再び，非調和項をもつ以下の例で見てみよう．

$$H(x_1,x_2,p_1,p_2) = \frac{1}{2m}(p_1^2+p_2^2)+V(x_1,x_2) \qquad (1.8)$$

ここでは，ポテンシャルを

$$V(x_1,x_2) = \frac{m}{2}(\omega_1^2 x_1^2+\omega_2^2 x_2^2)+\frac{1}{4}(x_1^4+x_2^4+2\lambda x_1^2 x_2^2) \qquad (1.9)$$

として，非調和な振動子が結合しているような状況を考える．λ は2つの振動子の結合の強さを表す．

まず最も簡単な $\lambda=0$ の場合から考えてみよう．このとき2つの振動子の間には結合がないので，それぞれの自由度に対して上にみたボーアの量子化条件を課す，すなわち

$$I_1 = n_1 h, \quad I_2 = n_2 h \qquad (1.10)$$

とすることに異論を唱える人はいないだろう．ここで，I_1, I_2 は

$$I_1 = \oint_{\Gamma_1} p_1 \mathrm{d}x_1, \quad I_2 = \oint_{\Gamma_2} p_2 \mathrm{d}x_2 \qquad (1.11)$$

であり,周回積分 Γ_1, Γ_2 は各自由度における**閉軌道**を表す.

1次元のボーアの量子化条件(1.1)の素直な拡張であり,特に何の問題もないようにみえる.しかし,少し落ち着いて考えると,何が量子化されているか,という点で微妙に違いがあることに気づく.事情は非調和項がない場合とある場合とで少し違うので,先に非調和項がない場合を説明しよう.

非調和項がない場合,1次元のボーアの量子化条件(1.1)との最も大きな違いは,量子化条件(1.11)に与えられる周回積分が「一般には」閉じた**古典軌道**を意味しない,ということである.繰り返しになるが,1次元のボーアの量子化条件(1.1)において量子化の対象となっているものは位相空間中の**周期軌道**であり,周回積分もあくまでその周期軌道に沿ったものである.しかし,2つの調和振動子では,ω_1 と ω_2 の比次第で,軌道は閉じたり閉じなかったりする.簡単にわかるように ω_1/ω_2 が有理数のときには,$2\pi/\omega_1$ と $2\pi/\omega_2$ の最小公倍数の周期で軌道はもとの位置に戻ってくる.ところが,ω_1/ω_2 が無理数のときには,それぞれの自由度だけを見ている限りでは軌道は閉じた曲線になるが,全体の位相空間 (x_1, x_2, p_1, p_2) の中で軌道は閉じない.座標平面 (x_1, x_2) に射影するとその軌跡はよく知られたリサージュ図形を描く.「一般に」と書いたのは,ω_1/ω_2 は一般に無理数だからである.

つまり,(1.11)に表れる周回経路は実際の古典軌道に沿って一周したものではない.もし,1次元のボーアの量子化条件(1.1)をもとに,「量子固有状態とは,閉じた古典軌道上に立つ定在波である」という描像をもっている人がいればただちにそれは修正

1.3 ボーアの量子化条件の多自由度系への拡張

されなければならないことになる.

一方,非調和項がある場合にはもう少し事情が込み入ってくる.なぜならば,この場合には,非調和項がない場合の2つのケース,ω_1/ω_2 が有理数,無理数のそれぞれの場合に対応するものがひとつの系に混在するからである.すなわち,閉じる軌道と閉じない軌道とがひとつの位相空間内を初期条件に応じて棲み分ける.

次に,自明に分離されているわけではないが,しかし,適当な座標変換を施して変数分離することができる場合を考えよう.先の水素原子などもその例である.いま考えているポテンシャル(1.9)でも,$\lambda=1$,および,$\lambda=3$ がそれに該当する.それぞれ,前者は極座標への座標変換,後者は45度の座標回転によって系は変数分離される.これらについても同じように,それぞれ変数分離された座標上で同様の量子化条件を課してやればよさそうに思える.

実際,この考え方に則って古典量子化条件の多自由度への拡張を提唱したのがシュワルツシルト,エプシュタインである.彼らが想定したのは,座標変換によってハミルトン-ヤコビの主関数(ハミルトン-ヤコビの偏微分方程式の解)が変数分離される場合(と言っても,要は上のような意味での変数分離のこと)である.そして,その変数分離された各変数に対して(1.11)の量子化条件を課すべし,というのが彼らの提唱した**古典量子化条件**である.シュワルツシルトらがこだわったと思われる点は,やはり量子状態と古典軌道との対応であろう.上で説明したように,(1.11)の周回積分は必ずしも全位相空間での古典周期軌道になっているとは限らない.しかし,各変数の位相空間に射影されたものが古典軌道であることには違いない.彼らの処方箋

に従うならば,量子状態と古典軌道との対応関係はその意味で担保されていることになる.

それに対し,アインシュタインは(1.11)の周回積分にまったく異なる解釈を与えた.以下にその説明をしたい.まず,もともと(1.1)で与えられる作用積分は,先に書いたように断熱変化に対する不変量であることを思い出していただきたい.シュワルツシルトらの提唱した量子化条件は系が変数分離される場合だけに限られるのに対して,アインシュタインはより一般的に,以下の作用積分

$$I_i = \oint_{\Gamma_i} \sum_{k=1}^{N} p_k \mathrm{d}x_k \qquad (i=1,2,\cdots,N) \qquad (1.12)$$

が量子化される,すなわち

$$I_i = n_i h \qquad (i=1,2,\cdots,N) \qquad (1.13)$$

であるべきとの主張をした.N は系の自由度である.I_i は1次元の場合同様,断熱不変量である.(1.12)(1.13)の条件は,その後,転回点での補正など改良が加えられ,今日,**EBK**(Einstein-Brillouin-Keller)**の量子化条件**と呼ばれているものである.シュワルツシルトらによる量子化条件との大きな違いは,まず,適用可能な系が少なくとも「原理的には」変数分離可能な系に限らないことである.

周回経路の意味の違いをはっきりさせるためにもう少し話を整理しよう.まず,自由度の個数だけ作用積分が存在するためには,その系に自由度と同数の第一積分,すなわち,運動の保存量が存在しなければならないことを確認したい.すなわち,系は**完全可積分**でなければならない*.

具体的に作用積分(1.12)を得るのは以下の手続きに従う.たと

えば，N 自由度のハミルトン系 $H(x,p)$ が運動の保存量として

$$F_1(x,p),\ F_2(x,p),\ \cdots,\ F_N(x,p) \qquad (1.14)$$

をもつとする．ここで，$x=(x_1,\cdots,x_N)$, $p=(p_1,\cdots,p_N)$ である．各保存量がそれぞれ一定値を取ること，$F_1(x,p)=\alpha_1$, $F_2(x,p)=\alpha_2,\cdots,F_N(x,p)=\alpha_N$ を $p_1,\cdots,p_N$ について解いたものを $p_1=p_1(x,\alpha),\cdots,p_N=p_N(x,\alpha)$ として，周回路 Γ_i ($1\leq i\leq N$) について積分(1.12)を行う．得られた I_i は，保存量 $(\alpha_1,\cdots,\alpha_N)$ の関数となる．

さらに，系が自励的(ハミルトニアンが時間に陽に依存しない)であるとき，仮に $F_1(x,p)=H(x,p)$ とし，$I_i=I(\alpha_1,\cdots,\alpha_N)$ を α_1 について解いたものを $\alpha_1=\alpha_1(I_1,\cdots,I_N)$ とすると，エネルギー固有値は

$$E_{n_1,\cdots,n_N} = \alpha_1(I_1=n_1 h,\cdots,I_N=n_N h) \qquad (1.15)$$

によって与えられる．

各 I_i を与える周回路 Γ_i はどのように取ればよいのだろうか．再び変数分離可能な場合にもどって考えてみよう．たとえば，ポテンシャル(1.9)において $\lambda=0$ の場合，作用積分は

$$I_i = \oint_{\Gamma_i}\left\{p_1(x_1,E_1)\mathrm{d}x_1+p_2(x_2,E_2)\mathrm{d}x_2\right\} \qquad (i=1,2) \qquad (1.16)$$

となる．ここで E_1, E_2 は各自由度のエネルギーでありいずれも保存量である．最初に与えた量子化条件(1.11)は，Γ_1, Γ_2 を各

＊ より正確には，N 個の関数独立な保存量が存在しそれぞれが包含的，すなわち，互いのポアソン括弧がゼロになる場合，その系を完全可積分であると言う．詳しくは，大貫義郎・吉田春夫『力学』，岩波書店(1994)参照のこと．

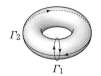

図 1.2 2次元トーラスとトーラス上 2 つの独立な閉経路(左図). トーラス上の古典軌道(右図). 矩形領域の上辺と下辺は同一視する.

自由度の位相空間上の閉古典軌道を取ればただちに得られる.このことから,アインシュタインが提唱した量子化条件は,変数分離系に対するボーアの量子化条件の素朴な拡張(1.10),(1.11)を含むことがわかる.

しかし,最も大事な点は,作用積分(1.12)における Γ_i が,周期軌道である必要がないばかりか古典軌道である必要もないことである.作用積分の被積分関数は全微分であるため Γ_i の微少変形に対して積分は不変に保たれるからである.量子化されている対象をさらにはっきりさせよう.

よく知られるように,完全可積分系に対する**リュービルの定理**はアーノルドによって幾何学的な意味づけが与えられた.アーノルドは,N 自由度の完全可積分系の位相空間上の軌道は,系が変数分離可能か否かを問わず常に N 次元のトーラス上を運動することを証明した.そして閉経路 Γ_i は,このトーラス上に取った N 個の独立な閉経路である(図 1.2 参照).つまり,作用積分(1.12)に現れる Γ_i は古典軌道ではない.

このように,アインシュタインの条件で量子化の対象となっているのは「トーラス」という位相空間上の不変構造である.必ずしも古典閉軌道が量子化される対象になっていないことは,無理数の振動数比をもつ調和振動子の場合と同じである.アインシュタインが与えたこの古典量子化条件は今日**トーラス量子**

化と呼ばれる．

　蛇足であるが，さらに一般的な状況に話を移す前に，いささか腑に落ちない点をひとつだけ記しておきたい．アインシュタインは，変数分離系にのみ適用可能なシュワルツシルトらの量子化条件に不満をもち，一般の正準変換に対する不変量を量子化の対象と考えた，とされている．ここで言う変数分離系とは，座標変換のみでハミルトン-ヤコビの主関数が変数分離されるような状況であった．しかし，よく知られるように，一般に，変数分離系ではない完全可積分系を見つけるのはそうやさしいことではない．もちろん現在では，戸田格子をはじめ，座標変換による変数分離ができない可積分系は数多く見つかっており，その系統的な解析法も存在する．しかし，この時期，わざわざ変数分離不能な完全可積分な系にまでその対象を広げておく必要はなぜあったのか．分離可能な系であれば，アインシュタインの量子化条件は，シュワルツシルトらが考えた量子化条件に帰着する．そうなるとアインシュタインの量子化条件はオーバースペックでしかない．

■1.4 アインシュタインの疑問

　「解ける系」に限定されているとはいえ，多自由度系の古典量子化条件はアインシュタインによって与えられた．もともと1自由度系で作用積分が問題になったのは，量子化されるものは断熱不変量でなければならない，という要請からであった．しかし都合のよいことに，アインシュタインが量子化の対象と考えた作用積分(1.12)も断熱不変量である．1自由度系同様，その証明は難しくない．この事実からも作用積分(1.12)を量子化

することの妥当性がうかがわれる.

極めて正しい方向に考察を進めたアインシュタインは,驚くべきことに,彼自身の提唱した多自由度の量子化条件の「限界」についても言及していた*. アインシュタインは一般の自由度 N の古典力学系に現れる軌道には,

(1) 座標空間上の任意の点の近傍を何回でも繰り返し通過し,軌道が座標空間上を掃く領域全体が N 次元をなすもの.
(2) 軌道が座標空間上を掃く領域全体が N 次元以下になるもの.

の2種類があることを指摘し,その中で(1)のタイプの運動が一般的であるとしている. また,(2)のタイプの運動の特別な例として閉軌道を挙げた. さらに,(1)のタイプには,任意の点の近傍を通過する際,

(1a) 有限通りの運動量を取るもの.
(1b) 無限通りの運動量を取るもの.

の2通りがあり得ることを指摘した. さらに,(1b)のタイプの運動には自らが提案した多自由度の量子化条件を適用することができず,にもかかわらずこの場合のみ古典統計力学が成立することを指摘した.

ミクロカノニカルアンサンブル成立の条件は,言うまでもなく系が**エルゴード性**をもっている,すなわち,位相空間の軌道がエネルギー一定面内をくまなく経巡ることである. タイプ(1b)で想定されている運動は,系がエルゴード性をもち,与えられた位置座標に対して,対応する運動量が無限にたくさん存在する(逆に,ひとつの運動量に無限にたくさんの位置が対応する)ような

---

* A. Einstein, *Verhand. Deut. Phys. Gen.*, **19** (1917) 82.

状況である．アインシュタインが，今日，巷間に流布する「カオス」という言葉を知っていたとしたら「私が提唱した量子化条件は，系にカオスが発生している際には適用できない」，そんな無粋な言い方はしなかったかもしれないが，簡単に言うとそういうことになる．先のウィーンの変位則の話を思い出して欲しい．その説明には，熱・統計力学の成立が前提条件となっている．量子論のそもそもの出発点である，黒体放射の議論が平衡統計力学に依拠しており，にもかかわらず，その統計力学の前提とするエルゴード性が量子化条件と整合しないという，予定調和にしてはできすぎの洞察がここではなされている．

その後の力学系理論の進展と，さらには高性能のコンピュータを手にしたわれわれは，タイプ(1b)の運動に対してアインシュタインが行った考察は，実は正確でないことを知っている．再度，4次の非調和ポテンシャル(1.9)に対してそのことを簡単に説明してみたい．先に，系が変数分離される場合は，$\lambda=0, 1, 3$ の場合に限られることを述べた．実は，現在，それ以外の λ の値では系は非可積分になることが厳密に証明されている*．では，$\lambda=0, 1, 3$ 以外のときに，系がただちにエルゴード性を獲得するだろうか？ この疑問は，フェルミ-パスタ-ウラムが非線形格子振動子の数値実験で提起したものと本質的に同じものである．

フェルミらは，1950年代半ば，世界初の電子計算機を使って，統計力学の成立条件であるエルゴード性の検証を試みた．固体のフォノンのモデルである格子振動子系を用いて数値計算が行われたが，当初の予想は，系に非線形性が入った瞬間ただちに

---

* 本講座，吉田春夫『力学の解ける問題と解けない問題』．

系はエルゴード性を獲得し，熱平衡状態が実現される，というものであった．ところが，あに図らんや，適当な基準振動に与えられたエネルギーはいくら待てども等分配には至らず，エルゴード性の破れが見出されるばかりであった．その理由は，フェルミらの計算機実験から50年経った現在でも完全な解決をみたわけではない．しかし少なくとも，摂動が加わり可積分系性が崩れても，ただちに統計力学が前提とする等分配が実現するわけではないことを示したことは特筆すべき発見であった．

4次の非調和ポテンシャル(1.9)をもつ2次元系でも事情は変わらない．完全可積分となる，$\lambda=0, 1, 3$ の近くでは，軌道は，ある初期条件から出発すると，依然としてトーラス上を運動し，また別の初期条件から出発すると，いわゆるカオスと呼ばれる不安定，かつ予測不可能な振る舞いを示す．両者の比率は，完全可積分系からの距離に依存する．数値計算により，位相空間の十分大きな領域がトーラスによって占められ，また，残りの大きな部分がカオス軌道によって覆われることを確かめることは容易である．しかしその実態はわからないことが多い．

いずれにしても，作用積分(1.12)が存在しない限り，ボーアの量子化条件を拡張していくことはもはやできない．もちろん，すでに本物の量子力学をわれわれは手にしており，与えられたハミルトニアンをいかに量子化するか，についても複数の具体的処方箋が与えられているのだから，何もわざわざ古典軌道をもとにした量子化条件など考える必要がどこにあるのか，そう考える向きもあるだろう．しかしながら，ボーアの量子化条件を出発点として構築された量子力学がそもそも想定していなかった状況，すなわち，カオスを前にして，果たして古典論と量子論は依然として整合的であり得るのか，この問いは決して自明

ではない．

　前期量子論の中心に**ボーアの対応原理**というものがある．量子論を構築していくに当たっての指導原理の役割を果たしたものであるが，これは，ある意味当たり前の要請という見方もできる．物理学の新しい理論が作られるときには，既存の理論と新しい理論とはきちんとつながっていなければならない．新参者が古参に顔を立てることは当然の仁義である．量子力学は，アインシュタインの心配を余所に新装開店した．その飛躍は，前期量子論という踏み台をもはやまったく必要としないほど徹底的なものであった．そしてそのしばらくの後，カオスが古典力学の側で発見された．量子力学は，当初想定していなかった，そのカオスという場所に再び戻ってくることができるのだろうか，量子論と古典論との関係を考える上で，この問いは避けて通ることのできないように思われる．この問題には最後の章で再び触れることにしてみたい．

2
量子から古典へ

　前章では，前期量子論を手がかりに古典力学と量子力学との対応を見た．調和振動子のボーアの量子化条件は真の量子力学を予言するが，非調和項が入った場合には，量子化条件を形式的に書き下すことは容易でもその妥当性の検証はやさしくなかった．また，系が多自由度になったときどのようにしてボーアの量子化条件が拡張されるかを考えた．多自由度系になると，たとえ十分な数の保存量をもつ完全可積分な場合であっても，必ずしも閉じた軌道が量子化の対象になるとは限らないことを述べた．しかしより深刻なのは非可積分系であった．非可積分系では，そもそも量子化の対象とすべき古典対応物が見当たらないように見える．そしてその問いは，吟味される機会を得ないまま量子力学が完成した．

　ここでは矛先を変え，前章とは逆の方向から古典論と量子論のつながりを考えてみたい．前章では，主として前期量子論に沿って古典力学から量子力学がいかに出てくるかを考えた．本章では，プランク定数ゼロの極限で量子力学は古典力学に回帰するか，という方向で古典力学と量子力学との関係を議論する．話を簡単にするために，以降では再び(1.2)で与えられる1自由

度のハミルトニアン $H(x,p)$ に戻って話を進める.

■2.1　古典論への回帰

まず最初に「形式論として」量子力学はプランク定数ゼロの極限で古典力学に移行するような理論体系になっているか,という点を検討してみたい.形式論として,ということの意味は,「具体的な系を参照することなく,一般的にプランク定数ゼロの極限で量子力学が古典力学に移行することが言えるか？」ということである.もしそうなっていれば,「量子力学は古典力学を内包する理論体系である」という主張は何のただし書きもなく成り立つことになり,議論は,具体例を当たる必要のない定式化レベルの話に収まることになる.

ここでは,ハイゼンベルク形式を手がかりに話を始める.**ハイゼンベルク形式**の量子力学では,$\hat{H}$ をハミルトニアン演算子とすると,任意の演算子 $\hat{\mathcal{A}}$ は運動方程式

$$\frac{\mathrm{d}\hat{\mathcal{A}}}{\mathrm{d}t} = \frac{1}{\mathrm{i}\hbar}[\hat{\mathcal{A}}, \hat{H}] \tag{2.1}$$

に従う.これは古典力学の運動方程式

$$\frac{\mathrm{d}\mathcal{A}}{\mathrm{d}t} = \{\mathcal{A}, H\} \tag{2.2}$$

における**ポアソン括弧** $\{\cdot\}$ を,**交換子** $\frac{1}{\mathrm{i}\hbar}[\cdot]$ に置き換えたものである.もちろん,これは単なる形式的な対応でしかない.古典正準変数 (x,p) が常に c 数であるのに対して,量子論の $(\hat{x}, \hat{p})$ は演算子であるし,ポアソン括弧 $\{\cdot\}$ と交換子 $[\cdot]$ の意味も異なる.交換子 $\frac{1}{\mathrm{i}\hbar}[\cdot]$ をポアソン括弧に「置き換える」ことによって,量子力学は古典力学に形の上では戻るわけだが,プランク

定数 $\hbar$ がゼロに近づくにつれて量子論から古典論が現れること とは別の話である．

プランク定数 $\hbar$ をゼロに近づけたとき古典論が回復することを見るためには，たとえば，任意の古典力学量 $\mathcal{A}, \mathcal{B}$ と対応する演算子 $\hat{\mathcal{A}}, \hat{\mathcal{B}}$ に対し，

$$"\lim_{\hbar \to 0} \frac{1}{\mathrm{i}\hbar}[\hat{\mathcal{A}}, \hat{\mathcal{B}}] = \{\mathcal{A}, \mathcal{B}\}" \qquad (2.3)$$

をみればよいだろう．まずはこの辺りから考えていきたい．しかし，左辺は演算子，右辺は通常の数なので，これもまだ意味がはっきりしない．そこで以下では，話をシュレーディンガー表示に切り替え，任意の時刻 t において

$$\lim_{\hbar \to 0} \frac{1}{\mathrm{i}\hbar}[\hat{\mathcal{A}}, \hat{\mathcal{B}}]\psi(x,t) = \{\mathcal{A}, \mathcal{B}\}\psi(x,t)$$

が成り立つかどうかを問うことで (2.3) の検証を考えることにする．座標表示の波動関数 $\psi(x,t)$ は，時刻 $t=0$ で適当な初期状態にあったとし，シュレーディンガー方程式にしたがって時間発展しているものとする．

■2.2 交換子の古典極限とポアソン括弧

まず (2.3) を考えるに当たっての最初の準備として，古典力学量 $\mathcal{A}, \mathcal{B}$ から量子演算子 $\hat{\mathcal{A}}, \hat{\mathcal{B}}$ を定義しなければならない．上で述べたように，古典力学から量子力学に移行する手続きは形式的にはポアソン括弧を交換子に置き換えることである．座標表示で演算子を考える場合，x は $\hat{x}$ に，p は $\hat{p} = \dfrac{\hbar}{\mathrm{i}} \dfrac{\partial}{\partial x}$ に置き換えればよい．しかし，力学量によっては少し注意を要するものもある．たとえば，古典力学量が $\mathcal{A}(x,p) = xp$ で与えられる場

2.2 交換子の古典極限とポアソン括弧

合,対応する量子演算子を,そのまま,$\hat{\mathcal{A}}(\hat{x},\hat{p})=\hat{x}\hat{p}$,ないしは $\hat{\mathcal{A}}(\hat{x},\hat{p})=\hat{p}\hat{x}$ としてしまうと,**演算子のエルミート性が失われて**しまう.これらは量子力学の演算子として適当ではないので,何らかの方法でエルミート性を保ちつつ,なおかつ,古典対応物がもとの古典力学量となるように演算子の並べ方を工夫する必要がある.そのためにいくつかの方法が提案されているが,ここでは,比較的よく用いられる**ワイルの方法**と呼ばれるものを採用することにする*.具体的には,

$$\hat{\mathcal{A}}(\hat{x},\hat{p}) = \iint \tilde{\mathcal{A}}(\xi,\eta) \exp\Big(\mathrm{i}(\xi\hat{x}+\eta\hat{p})\Big) \mathrm{d}\xi\mathrm{d}\eta \qquad (2.4)$$

によって古典力学量から対応する量子演算子を定義するものである.ここで,$\tilde{\mathcal{A}}(\xi,\eta)$ は古典力学量 $\mathcal{A}(x,p)$ をフーリエ分解したときの係数,すなわち

$$\mathcal{A}(x,p) = \iint \tilde{\mathcal{A}}(\xi,\eta) \exp\Big(\mathrm{i}(\xi x+\eta p)\Big) \mathrm{d}\xi\mathrm{d}\eta \qquad (2.5)$$

である.たとえば,古典力学量が xp の場合,ワイルの方法から得られる量子演算子は,$\hat{x}$ と $\hat{p}$ に対して対称化された,$\frac{1}{2}(\hat{x}\hat{p}+\hat{p}\hat{x})$ である.

これで一応(2.3)の両辺に出てくるものの意味が確定したので,具体的に(2.3)の両辺を計算してみよう.右辺のポアソン括弧は

$$\begin{aligned}\{\mathcal{A},\ B\} &= \frac{\partial \mathcal{A}}{\partial x}\frac{\partial \mathcal{B}}{\partial p} - \frac{\partial \mathcal{A}}{\partial p}\frac{\partial \mathcal{B}}{\partial x} \\ &= \iint \tilde{\mathcal{A}}(\xi,\eta)\tilde{\mathcal{B}}(\xi',\eta')(\eta\xi'-\xi\eta') \\ &\quad \times \exp\Big(\mathrm{i}(\xi x+\eta p)\Big)\exp\Big(\mathrm{i}(\xi' x+\eta' p)\Big)\mathrm{d}\xi\mathrm{d}\eta\mathrm{d}\xi'\mathrm{d}\eta'\end{aligned}$$

---

* 以下の議論は演算子順序の決め方には依存しない.

であるのに対して，交換子のほうは

$$\frac{1}{\mathrm{i}\hbar}[\hat{\mathcal{A}},\hat{\mathcal{B}}] = \iint \tilde{\mathcal{A}}(\xi,\eta)\tilde{\mathcal{B}}(\xi',\eta')$$
$$\times \frac{1}{\mathrm{i}\hbar}\left[\exp\Bigl(\mathrm{i}(\xi\hat{x}+\eta\hat{p})\Bigr), \exp\Bigl(\mathrm{i}(\xi'\hat{x}+\eta'\hat{p})\Bigr)\right]\mathrm{d}\xi\mathrm{d}\eta\mathrm{d}\xi'\mathrm{d}\eta'$$

となる．さらに，積分の中の交換子の部分は簡単な計算から

$$\left[\exp\Bigl(\mathrm{i}(\xi\hat{x}+\eta\hat{p})\Bigr), \exp\Bigl(\mathrm{i}(\xi'\hat{x}+\eta'\hat{p})\Bigr)\right]$$
$$= \Bigl(1-\exp\bigl(-\mathrm{i}\hbar(\eta\xi'-\xi\eta')\bigr)\Bigr)\exp\Bigl(\mathrm{i}(\xi+\xi')\hat{x}\Bigr)\exp\Bigl(\mathrm{i}(\eta+\eta')\hat{p}\Bigr) \tag{2.6}$$

となることがわかる．

両者を見比べると

$$1-\exp\Bigl(-\mathrm{i}\hbar(\eta\xi'-\xi\eta')\Bigr) = \mathrm{i}\hbar(\eta\xi'-\xi\eta')+\mathcal{O}(\hbar^2) \tag{2.7}$$

が成り立つこと，さらに，p と $\hat{p}$ との違いが無視できること，すなわち，運動量演算子 $\hat{p}$ の関数として与えられる $\mathcal{F}(\hat{p})$ に対して

$$\mathcal{F}(\hat{p})\psi(x,t) = \mathcal{F}(p)\psi(x,t)+\mathcal{O}(\hbar) \tag{2.8}$$

が成り立つならば，$\hbar\to 0$ で $\dfrac{1}{\mathrm{i}\hbar}[\hat{\mathcal{A}},\hat{\mathcal{B}}]$ は $\{\mathcal{A},\mathcal{B}\}$ になることが言えることになる．

上の設定から明かなように，最初の条件(2.7)は先に述べた演算子順序に由来するものである．したがって，たとえば，$\mathcal{A}(x,p)$, $\mathcal{B}(x,p)$ の中に x と p の積の項が入っていない，つまり，ワイルの対応を経由して量子演算子を定義する必要のない場合には条件(2.7)はただちに成り立つ．それに対して，条件(2.8)で表さ

れる p と $\hat{p}$ との違いは，演算子の問題ではなく，もっぱら系の状態 $\psi(x,t)$ とその時間発展に関わる問題である．

そこでいま，後者の問題を考えるために，波動関数 $\psi(x,t)$ をその振幅と位相とに分け

$$\psi(x,t) = A(x,t)\exp\left[\frac{\mathrm{i}}{\hbar}W(x,t)\right] \qquad (2.9)$$

と置いて，(2.8)がもう少し具体的に何を意味しているのか見てみることにする．運動量を両辺に演算させると

$$\hat{p}\psi(x,t) = \left[\frac{\partial W}{\partial x} + \left(\frac{\hbar}{\mathrm{i}}\right)\frac{1}{A}\frac{\partial A}{\partial x}\right]\psi(x,t) \qquad (2.10)$$

であるので，仮に，$\hbar\frac{1}{A}\frac{\partial A}{\partial x}\ll 1$，さらに $p\approx\frac{\partial W}{\partial x}$ となっていれば(2.8)が成立することがわかる．

後者の条件を見るために，(2.9)を時間に依存するシュレーディンガー方程式 $\mathrm{i}\hbar\frac{\partial \psi(x,t)}{\partial t} = H\psi(x,t)$ に代入すると，振幅と位相について

$$\frac{\partial W}{\partial t} + H\left(x,\frac{\partial W}{\partial x}\right) = \frac{\hbar^2}{2A}\frac{\mathrm{d}^2 A}{\mathrm{d}x^2} \qquad (2.11)$$

$$\frac{\partial}{\partial t}A^2 + \frac{\partial}{\partial x}\left(A^2\frac{\partial W}{\partial x}\right) = 0 \qquad (2.12)$$

を得る．(2.11)の右辺を 0 としたものは，いわゆるハミルトン-ヤコビの方程式であり，$W(x,t)$ は**ハミルトンの主関数**と呼ばれるものである．この場合，$p=\frac{\partial W}{\partial x}$ であり，(2.12)は確率密度 $P(x,t)=A^2$ と流れの密度 $J(x,t)=A^2 p$ との間に成り立つ連続の方程式を表す．

いずれにせよ

$$\hbar\frac{1}{A}\frac{\partial A}{\partial x}\ll 1, \qquad \hbar^2\frac{1}{A}\frac{\mathrm{d}^2 A}{\mathrm{d}x^2}\ll 1 \qquad (2.13)$$

が成り立っていること，すなわち，波動関数の振幅に対してその変動が十分小さくなっていることが(2.8)が成り立つための条件となる．演算子順序の問題に比べると，系の状態 $\psi(x,t)$ を知らなければならないため，その可否についてこの場で即座に判断することはできないことに注意したい．

特に，状態が系のエネルギー固有状態にある場合について，次章で詳しく議論する **WKB解析**(Wentzel-Kramers-Brillouin)とも関係するところでもあるので，(2.11)の右辺を無視する意味をもう少し詳しく見てみる．ハミルトニアンとして具体的に $H(x,p) = \dfrac{1}{2m}p^2 + V(x)$ の形を仮定すると(2.11)は

$$\left(\frac{\partial W}{\partial x}\right)^2 = \frac{h^2}{\lambda^2}\left[1 + \frac{\lambda^2}{4\pi^2}\left(\frac{1}{A}\frac{\mathrm{d}^2 A}{\mathrm{d}x^2}\right)\right] \tag{2.14}$$

ここで，λ はド・ブロイ波長

$$\lambda = \frac{h}{p} = \frac{h}{\sqrt{2m(E-V(x))}} \tag{2.15}$$

である．そして結果的に上と同様，(2.11)の右辺を無視する条件として

$$\lambda^2 \frac{1}{A}\frac{\mathrm{d}^2 A}{\mathrm{d}x^2} \ll 1 \tag{2.16}$$

が得られる．古典力学と量子力学との関係は，光学の幾何光学と波動光学との関係に多くの共通点をもつことはよく知られている．条件(2.16)は光学で**アイコナール近似の条件**と呼ばれているものである．

アイコナール近似の条件(2.16)をド・ブロイ波長 λ で書くために，系が定常状態にある場合の連続の式(2.12)を $A(x)$ について解いた

$$A(x) = C\left(\frac{dW}{dx}\right)^{-1/2} = C\left(\frac{\lambda}{h}\right)^{-1/2} \quad (C \text{ は適当な定数})$$
(2.17)

を用いると，(2.16)は

$$\left|2\lambda\frac{\mathrm{d}^2\lambda}{\mathrm{d}x^2} - \left(\frac{\mathrm{d}\lambda}{\mathrm{d}x}\right)^2\right| \ll 1 \quad (2.18)$$

となる．第一項の $\lambda\dfrac{\mathrm{d}^2\lambda}{\mathrm{d}x^2}$ には $\hbar$ がかかっていることに注意すると，実質的には，

$$\left|\frac{\mathrm{d}\lambda}{\mathrm{d}x}\right| \ll 1 \quad (2.19)$$

がその十分条件として出てくる．このことから，アイコナール近似の条件(2.16)は，ド・ブロイ波長 λ の空間的な変動が十分小さいことを要請するものであることがわかる．

これらの考察はわれわれに以下のことを教えてくれる．まず，量子力学がプランク定数ゼロの極限で古典力学に近づくか，というアバウトな問いはあまり意味をなさないことである．この問題を考えるときには，どのような系をいかなる初期状態から出発させ，またいつその妥当性を問題にするか，などさまざまな条件を特定する必要がある．2.1節の冒頭で「形式論として」量子論 → 古典論が言えるか，という問いを立てたが，その答えには「否」と言うことになる．ここで見たように，条件抜きに形式的な一般論だけで「量子論はプランク定数ゼロの極限で古典論に回帰する」ことを主張することは難しい．たとえば，(2.15)より，少なくとも $E=V(x)$ を満たす，いわゆる「古典的転回点」では(2.19)の条件が満たされることはない．したがって，そのような位置 x に関しては，量子力学 → 古典力学は成り立たないことになる．他方，古典的転回点から十分離れてい

れば,少なくともそのような破綻は起こらない.量子と古典の問題を「十把一絡げ」にはしてはいけないのである.

■2.3 エーレンフェストの定理

ただし書き抜きで「プランク定数ゼロの極限で量子力学は古典力学に移行する」ことが言えないのであれば,少し問いを変えて「プランク定数ゼロの極限で量子力学が古典力学に移行するような状況があるか?」としてみるとどういうことになるだろうか.この問いを考える手がかりとしてエーレンフェストの定理と呼ばれるものがある.本節と次節では,エーレンフェストの定理をめぐって上の問題を考えてみたい.エーレンフェストの定理は,量子 → 古典の対応の話では必ずと言ってよいほど登場するが,しばしばその内容を誤解されるものでもあるので,その点の検討からはじめよう.

引き続き,1 自由度のハミルニアン $H(x,p)$ に対して話を進める.**エーレンフェストの定理**とは,位置と運動量の期待値

$$\langle \hat{x} \rangle = \langle \psi(t) | \hat{x} | \psi(t) \rangle, \qquad \langle \hat{p} \rangle = \langle \psi(t) | \hat{p} | \psi(t) \rangle$$

が,以下の「ハミルトンの正準運動方程式もどき」

$$\frac{\mathrm{d}}{\mathrm{d}t}\langle \hat{x} \rangle = \left\langle \widehat{\frac{\partial H}{\partial p}} \right\rangle, \qquad \frac{\mathrm{d}}{\mathrm{d}t}\langle \hat{p} \rangle = -\left\langle \widehat{\frac{\partial H}{\partial x}} \right\rangle \qquad (2.20)$$

に従うことを主張するものである.ここで,$\widehat{\partial H/\partial p}$,$\widehat{\partial H/\partial x}$ は,うるさく言うと前節で述べた演算子順序を考慮して古典力学量 $\partial H/\partial p$,$\partial H/\partial x$ を演算子に直したもの,と言わなければならない.しかし,ハミルトニアンが通常の(1.2)のような形をしている限り気にする必要はないので,取り敢えず,演算子順

2.3 エーレンフェストの定理

序の問題はここでは考えないことにする．

この「古典運動方程式もどき」は，(2.1)における $\hat{A}$ をそれぞれ $\hat{x}$ あるいは $\hat{p}$ とした

$$\frac{\mathrm{d}\hat{x}}{\mathrm{d}t} = \frac{1}{\mathrm{i}\hbar}[\hat{x}, \hat{H}], \qquad \frac{\mathrm{d}\hat{p}}{\mathrm{d}t} = \frac{1}{\mathrm{i}\hbar}[\hat{p}, \hat{H}] \qquad (2.21)$$

とし両辺の期待値を取ることにより得られる．「古典運動方程式もどき」という言い方をした理由は，言うまでもなく，(2.20)の右辺があくまでも

$$\left\langle \widehat{\frac{\partial H(x,p)}{\partial p}} \right\rangle, \left\langle \widehat{\frac{\partial H(x,p)}{\partial x}} \right\rangle \quad \text{であって，}$$

$$\frac{\partial H(\langle \hat{x} \rangle, \langle \hat{p} \rangle)}{\partial \langle \hat{p} \rangle}, \frac{\partial H(\langle \hat{x} \rangle, \langle \hat{p} \rangle)}{\partial \langle \hat{x} \rangle} \quad \text{ではない}$$

からである．この点については，しばしば混乱した記述を見かける．曰く「量子力学の期待値は古典力学の運動方程式に従う」と．もちろんこれは，エーレンフェストの定理の正しい解釈ではない．量子力学の期待値は一般には古典力学の運動方程式に従うことはない．

しかし，そう言いたくなる気持ちもわからないではない．そしてこのことは，前節で議論してきた "$\lim_{\hbar \to 0} \frac{1}{\mathrm{i}\hbar}[\hat{\mathcal{A}}, \hat{\mathcal{B}}] = \{\mathcal{A}, \mathcal{B}\}$" の妥当性と密接に関連する．上で見たように，任意の力学量 $\mathcal{A}, \mathcal{B}$ に対して，"$\lim_{\hbar \to 0} \frac{1}{\mathrm{i}\hbar}[\hat{\mathcal{A}}, \hat{\mathcal{B}}] = \{\mathcal{A}, \mathcal{B}\}$" が成立すれば，(2.20)の両辺は古典力学量とみなすことができる．その場合には「$\hbar \to 0$ で量子力学の期待値は古典力学の運動方程式に従う」という言い方が正当化されるからである．

しかし，前節で議論したように，"$\lim_{\hbar \to 0} \frac{1}{\mathrm{i}\hbar}[\hat{\mathcal{A}}, \hat{\mathcal{B}}] = \{\mathcal{A}, \mathcal{B}\}$" の正否を決めるのは，結局は系の波動関数 $\psi(x,t)$ の振る舞いである．したがって「$\hbar \to 0$ で量子力学の期待値は古典力学の運動方

程式に従う」ことを問うことは，"$\lim_{\hbar\to 0}\frac{1}{i\hbar}[\hat{\mathcal{A}},\hat{\mathcal{B}}]=\{\mathcal{A},\mathcal{B}\}$" の正否を問うことと等価であり，問題は最初に戻ってきてしまう．

■2.4 極小波束の時間発展

前節の最初に挙げたわれわれの問いは「プランク定数ゼロの極限で量子力学が古典力学に移行するような状況があるか？」であった．エーレンフェストの定理が出てきたので，どうすれば「古典運動方程式もどき」を本当の古典力学の運動方程式に近づけることができるのか，その条件をもう少し考えてみよう．

量子力学の波動関数を古典粒子に最も近づけるために，量子力学の不確定性をできるだけ小さくした波束を考えるのは悪くない出発点だろう．さらに，位置および運動量双方に対して，たとえば，その不確定性を最小にするような波束

$$\psi_{x_0 p_0}(x,0) = \left(2\pi(\Delta x)^2\right)^{-\frac{1}{4}} \exp\left[\frac{i}{\hbar}p_0 x - \frac{(x-x_0)^2}{4(\Delta x)^2}\right]$$

$$(\Delta x \Delta p = \frac{\hbar}{2}) \qquad (2.22)$$

すなわち，極小波束を初期の波動関数として用意すれば，少なくとも時刻 $t=0$ では，量子力学の期待値は古典力学量でよく近似されている．その瞬間は，所望の

$$\begin{aligned}\lim_{\hbar\to 0}\left[\hat{x}\psi(x,0)-x_0\psi(x,0)\right] &= 0, \\ \lim_{\hbar\to 0}\left[\hat{p}\psi(x,0)-p_0\psi(x,0)\right] &= 0\end{aligned} \qquad (2.23)$$

が成り立つ．

もちろん問題はその後の時間発展である．しかし，先にも強調したように，系を特定しないでこれ以上の議論を進めること

は難しい．具体的な状況を見ることで話を先に進めたい．以下では前章にも例として出した，非調和項ポテンシャル

$$V(x) = \frac{1}{2}سm\omega^2 x^2 + \frac{1}{4}\gamma x^4 \qquad (2.24)$$

をもつ1自由度ハミルトニアン(1.2)を用いて極小波束の時間発展を見ていきたい．s はポテンシャルの性質を変えるために導入したパラメータである．

まず，量子力学の期待値が古典力学量で近似されるためには，時間発展する状態が，初期の時刻にそうであったように，位置および運動量双方について十分局在し続けることがもっとも素朴な要請である．しかし，そのような都合のよい振る舞いをするのは，実は調和振動子 ($s=1, \gamma=0$) の場合しかない．調和振動子の場合，その波束の中心 $\langle x \rangle$ は古典運動に厳密に従う．また，波束の広がり $(\Delta x)^2, (\Delta p)^2$ も，$\langle x \rangle$ の振動周期の2倍の周期で振動を繰り返すことを簡単な計算から確かめることができる．特に，初期の広がりを $\Delta x = \sqrt{\hbar/2m\omega}$, $\Delta p = \sqrt{m\hbar\omega/2}$ とすると，波束の広がり $(\Delta x)^2, (\Delta p)^2$ は時間に対して一定となり，波束はその形をまったく変えることなく運動を続ける（図2.1参照）．

さらに，調和振動子については，エーレンフェストの定理における $\left\langle \widehat{\dfrac{\partial H(x,p)}{\partial p}} \right\rangle$, $\left\langle \widehat{\dfrac{\partial H(x,p)}{\partial x}} \right\rangle$ と，$\dfrac{\partial H(\langle \hat{x} \rangle, \langle \hat{p} \rangle)}{\partial \langle \hat{p} \rangle}$, $\dfrac{\partial H(\langle \hat{x} \rangle, \langle \hat{p} \rangle)}{\partial \langle \hat{x} \rangle}$ の置き換えは $\hbar \to 0$ を取ることなく成立し，量子力学の期待値の時間発展は厳密に古典力学の運動方程式に従う．この場合，(2.23)は任意の時刻 t で成り立ち，一点の曇りなく，量子力学が古典力学に移行することを主張することができる．一般に，系のポテンシャルが x についてたかだか2次の

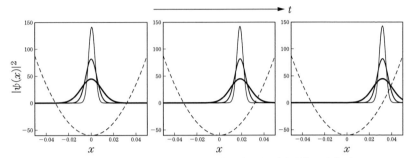

図 2.1 調和振動子における極小波束の時間発展（絶対値 2 乗をプロット）．$m=1$, $\omega=2\pi$. $x_0=0$, $p_0=0.2$. プランク定数は，線の太さが太い順に，$\hbar=10^{-3}$, $\hbar=3\times10^{-4}$, $\hbar=10^{-4}$. 破線はポテンシャル関数.

ときには，量子力学の期待値の時間発展は厳密に古典力学の運動方程式に従う．これも簡単な計算で確かめることができる．

もうひとつ，調和振動子と並んで忘れてはならないのは**自由粒子**（$s=\gamma=0$）である．自由粒子の場合も調和振動子同様，波束の中心 $\langle x \rangle$ は古典運動に従う．しかし，波束の広がり $(\Delta x)^2$, $(\Delta p)^2$ は時間 t の 2 乗に比例して増大していき，この点で調和振動子と袂を分かつ．自由粒子が特別なのは，波束の中心 $\langle x \rangle$ と波束の広がり $(\Delta x)^2$, $(\Delta p)^2$ それぞれの時間発展がカップルしていないことである．その結果，波束は時間の経過と共に広がりつつ，しかし中心は古典自由粒子と同じ運動を行うことができる．

自由粒子の場合の $\hbar \to 0$ はどうであろうか．自由粒子では波束が時間と共に広がるが形を崩すことがない．そのため，時刻 t を固定し各瞬間ごとに $\hbar \to 0$ を取ることをすれば，(2.23) を成り立たせることができる（図 2.2 参照）．その意味では，自由粒子の場合もやはり $\hbar \to 0$ のもとで量子力学は古典力学に移行す

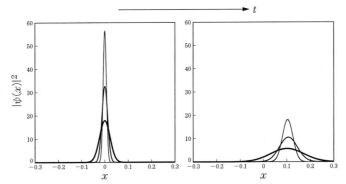

図 2.2 自由粒子における極小波束の時間発展(絶対値 2 乗をプロット). プランク定数は,線の太さが太い順に, $\hbar=10^{-3}$, $\hbar=3\times10^{-4}$, $\hbar=10^{-4}$. 左図は初期波束. 右図は時間発展した後の様子.

る.このことに反対する人はいないだろう.

ただ,調和振動子との違いにも注意を払う必要がある.調和振動子の場合,波束は時間と共に広がっていくことがないため,どの瞬間をとっても波束は「ミクロ」なままでいる.それに対し,自由粒子の波束は時間が経つと「マクロ」な大きさにまで広がってしまう.このことは,量子と古典の関係を問うに当たって忘れてはならない重要な問題を提起する.つまり,量子力学と古典力学との対応は,単にプランク定数 $\hbar$ の大小だけを問題にすればよいのではなく,時間 t との兼ね合いが重要だ,ということである. $t\to\infty$ と $\hbar\to 0$ とは交換可能か,という問いの立て方をした方がより問題がはっきりするかもしれない.この問題は,第 4 章で問題にする多自由度非可積分系でさらに顕在化する.

さて,より一般に非調和項のある場合($s\neq 0, \gamma\neq 0$)も見てみよう.前章でも紹介したように,非調和項が入っただけで,たと

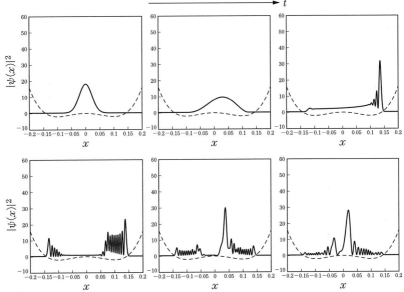

図 2.3 ポテンシャル(2.24)をもつ非調和振動子における極小波束の時間発展(絶対値 2 乗をプロット). $m=1$, $s=-1$, $\gamma=4000$, $\omega=\sqrt{\gamma}/10$. 破線はポテンシャル関数. 時間は, 左上図から $t=0$, $t=(1/4)\times10^{-1}$, $t=(2/4)\times10^{-1}$, $\cdots$, $t=(5/4)\times10^{-1}$, $\hbar=10^{-3}$ の場合.

え 1 自由度の問題と言えどなかなか手強いものになる. 固有値問題同様, 残念ながらこの系の時間発展を解析的に解く方法は知られていないので, ここでは数値計算で波動関数の振る舞いを観察する. 非調和性を強調するために, $s=-1$ として, ポテンシャルが二重井戸を作るような状況を調べる.

これまで同様, 初期状態として $x=0$ を中心に局在した**極小波束**を用意し, 適当な運動量をもたせ時間発展を始める((2.22)において, $x_0=0$, $p_0>0$ と取る). 図 2.3〜図 2.5 には 3 通りの $\hbar$ に対する計算結果を示した. それぞれ時刻 $t=0$ から等間隔で時

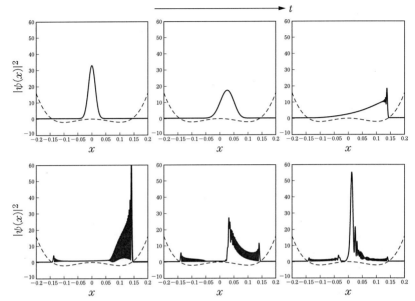

図 2.4 ポテンシャル(2.24)をもつ非調和振動子における極小波束の時間発展(絶対値 2 乗をプロット). パラメータ, 時間間隔などは図 2.3 と同じ. $\hbar = 3 \times 10^{-4}$ の場合.

間を選んだ波動関数(絶対値 2 乗)のスナップショットである. 図 2.1 の調和振動子と比較して気がつくことは, 初期に局在していた波束ははじめてポテンシャルの壁(右側の壁)に当たるときにすでに激しく振動しており, 波束自体も広がっていることである. 古典的に数回井戸の中を往復運動すると初期局在の片鱗は跡形もなく消え井戸内に広がるのがわかる(図 2.6 参照).

これらの数値計算結果から何がわかるだろうか. まず, ポテンシャルに非調和項が加わることによって波束は時間の経過と共に広がっていく. このことは, 調和性が失われた結果であり当然期待されるものである. では, 自由粒子と比較するとどう

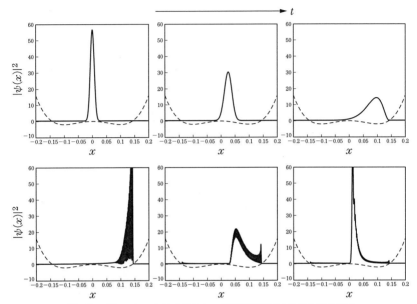

図 2.5 ポテンシャル(2.24)をもつ非調和振動子における極小波束の時間発展(絶対値 2 乗をプロット). パラメータ, 時間間隔などは図 2.3 と同じ. $\hbar=10^{-4}$ の場合.

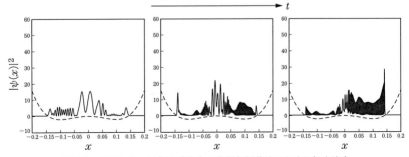

図 2.6 ポテンシャル(2.24)をもつ非調和振動子における極小波束の長時間後の波動関数(絶対値 2 乗をプロット). パラメータは図 2.3 と同じ. $t=(10/4)\times 10^{-1}$ 左からそれぞれ, $\hbar=10^{-3}$, $\hbar=3\times 10^{-4}$, $\hbar=10^{-4}$.

だろうか．自由粒子の場合も時間の経過と共に波束は広がるが，その形は崩れることなくその中心は常に古典力学の運動方程式に従う．一方，非調和項のある系では，時間が経つと波束の中心と呼ぶべきものはなくなり，波動関数はポテンシャル井戸内に複数のピークをもつようになる．位置あるいは運動量の期待値なども対応する古典力学の位置あるいは運動量の軌跡からずれてくる．自由粒子の波束は，時刻を固定した上でプランク定数をゼロにもっていくと，各時刻での古典軌道の位置に台をもつデルタ関数に単調に漸近していく．一方，非調和振動子の場合，時間が短い間はともかく，長時間になると$\hbar$を小さくしても一定の局在状態に近づくことはない．

さらにプランク定数を小さくすれば，形を保ったままその中心が古典運動に従うことを期待したいところであるが，少なくともその実証はやさしい作業ではない．前章で非調和振動子の古典量子化条件の有効性を確認することがやさしい問題でなかったことと似た事情がある．

■2.5 経路積分における量子-古典対応

シュレーディンガー形式，あるいはハイゼンベルク形式と並んで量子力学を記述する方法に経路積分の方法がある．その名の通り，「経路」を用いて状態間の遷移を表そうというもので，古典と量子の関係を見るのにもいろいろ利点がある．ここでは，経路積分における$\hbar \to 0$の極限の問題を考えてみよう．

設定は変えずに，座標表示で状態$\psi(x,t)$を考える．**経路積分**による定式化では，時刻$t=t_0$から時刻$t=t_1$への状態変化は時間発展の**積分核** $K(x_1,t_1;x_0,t_0)$を用いて

$$\psi(x_1, t_1) = \int \mathrm{d}x_0 K(x_1, t_1; x_0, t_0)\psi(x_0, t_0) \quad (2.25)$$

と表される.積分核は以下の経路積分で与えられる.

$$K(x_1, t_1; x_0, t_0) = \int_{(x_0, t_0)}^{(x_1, t_1)} \mathcal{D}x \exp\left(\frac{\mathrm{i}}{\hbar} S[x(t)]\right) \quad (2.26)$$

ここで

$$S[x(t)] = \int_{t_0}^{t_1} \mathcal{L}\bigl(x(t), \dot{x}(t)\bigr) \mathrm{d}t \quad (2.27)$$

はラグランジアン $\mathcal{L}$ をもつ系に対する作用積分である*.(2.26)はやや曖昧な表現だが,$x(t_0)=x_0$,$x(t_1)=x_1$ を満たすようなすべての可能な経路にわたっての積分を表すものと思っていただきたい.$\mathcal{D}x$ という記号で表記された積分の意味づけが必ずしも疑義のない基礎づけをもっていないことはよく指摘されるところであるが,その問題にはここでは目をつぶろう.

経路積分において $\hbar \to 0$ とすると,量子力学から古典力学が出てくる.その最もオーソドックスな説明は以下のようなものである.まず,$\hbar$ が小さくなるにつれて (2.26) の位相は大きくなる.その結果,被積分関数は積分変数 $x(t)$ の変化とともに激しく振動する.それらは $\hbar \to 0$ の極限で互いに相殺し合い,結果,積分への寄与は無視することができるようになる.ただし,$x(t)$ が作用積分 $S[x(t)]$ の極値になっている場合に関しては,$x(t)$ が変化しても $S[x(t)]$ があまり変動しないため振動による相殺は起こらない.そのため最終的に,$\hbar \to 0$ の極限では作用積分の極値を与える軌道,すなわち,古典軌道だけが積分に寄与するこ

---

* いくつも「作用積分」という名称が出てくるが,誤解がない限り同じ名前を使うことにする.

2.5 経路積分における量子-古典対応

とになる*.

非常にもっともらしい. 最初から経路積分の形式で問題を考えておけば, 量子力学は何の例外もなく古典力学に回帰するではないか, そう考えたくなる. しかし, この説明には落とし穴がある. その理由を再び 1 自由度の非調和振動子系で説明しよう.

話を簡単にするために, 状態が $t=t_0$ で位置の固有状態 $\psi(x_0,t_0)=\delta(x_0-X_0)$ にあるとする. そうしておけば, (2.25) からただちに $t=t_1$ の状態は $\psi(x_1,t_1)=K(x_1,t_1;X_0,t_0)$ となり, 終状態は積分核そのものとなって考えやすい.

上の議論に沿って $\hbar\to 0$ の極限でどのような古典軌道が積分に寄与するかを考えてみる. 経路積分 (2.26) は, 時刻 $t=t_0$ に位置 $x=x_0$ に, そして時刻 $t=t_1$ に位置 $x=x_1$ という「境界条件」を満たすすべての可能な経路に対する積分であった. $\hbar\to 0$ の極限を考えたとき寄与として残る古典軌道も, 当然, 同じ境界条件を満足しなければならない. ただし, いずれの時刻でも運動量に関しては何の制約も課されていない. したがって, 積分核 $K(X_1,t_1;X_0,t_0)$ に $\hbar\to 0$ で寄与する古典軌道とは, $t=t_0$ に

$$\mathcal{I} = \{(x_0,p_0) \mid x_0 = X_0,\ -\infty < p_0 < \infty\}$$

という集合上にあり, $t=t_1$ で

$$\mathcal{F} = \{(x_1,p_1) \mid x_1 = X_1\}$$

上にあるような軌道である.

実際に, ポテンシャル (2.24) をもつ 1 自由度の非調和振動子に対して初期集合 $\mathcal{I}$ がどのような時間発展を行うか見てみよう.

---

* この近似のことを定常位相近似という.

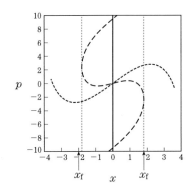

図 2.7 ポテンシャル(2.24)をもつ非調和振動子の位相空間の中における集合 $\mathcal{I}$ の時間発展の様子. 実線が初期集合 $\mathcal{I}$. 時間が経つにつれて, 実線 → 点線 → 破線の順に動いていく. x_f は焦点の位置.

非調和振動子は, 調和振動子と違い, 初期運動量ごとに角振動数が異なるため, 図 2.7 に示すように, 集合 $\mathcal{I}$ は渦を巻くようにして時間発展を行う. そして, ある程度時間が経つと, 図からわかるように終集合 $\mathcal{F}$ と時間発展した $\mathcal{I}$ とが複数箇所で交わるようになる. これは, 与えられた境界条件を満たす古典軌道が 1 つではなく「複数個」存在することを意味する. もちろん, 角振動数が初期運動量に依らず定数である調和振動子ではこのようなことは起こらない.

古典運動方程式は, 初期の位置と運動量を決めればその解は一意に決まる. 同様に, 初期の位置と最後の位置を与えても軌道が一意に決まるものとつい思いがちだが, 必ずしもそうではない. つまり, $\hbar \to 0$ の極限で経路積分(2.26)に寄与する古典軌道は, 短時間では 1 つしか存在しないが, 時間が経つとそうとは限らなくなる. 局所的には正しいが大域的には常に成り立つ命題ではない*. したがって, $\hbar \to 0$ の極限で古典力学が出てくるとは言えないことになる.

---

* 第 4 章で議論するように, カオスを発生するような非可積分系では, その数が時間と共に指数関数的に増える.

2.5 経路積分における量子-古典対応

ここで経路積分の話を終わってもよいが，第 1 章で行ったような，古典 → 量子の方向で古典と量子の関係を眺める立場からすると，経路積分における $\hbar \to 0$ の極限は古典と量子をつなぐ架け橋としてもう少し追求したい問題である．単純に古典力学が出てこないからといってここで話を止めてしまうのはもったいない．第 1 章で見たボーアの量子化条件は，古典軌道を用いて量子力学の固有エネルギーを与える公式であった．経路積分における $\hbar \to 0$ の極限も，古典軌道から量子力学の確率振幅を得る手段という点では同じものである．次章では再び，古典 → 量子という方向で，古典と量子の間にある問題を検討する予定でもあるので，そのウォーミングアップも兼ねてもう少しこの議論を続けることにしよう．

経路積分(2.26)において $\hbar \to 0$ における近似は以下のように得られる．簡単のために，時間間隔 $|t_1 - t_0|$ が十分短く，$x(t_0) = x_0$，$x(t_1) = x_1$ を満たすような古典軌道が 1 つしかない場合を考える．そのような軌道をいま $\bar{x}(t)$ と書くことにし，作用積分を以下のようにその古典軌道の周りで展開する：

$$S[x(t)] = S(\bar{x}(t)) + \left.\frac{\delta S}{\delta x}\right|_{x=\bar{x}} y(t) + \frac{1}{2!} \left.\frac{\delta^2 S}{\delta x^2}\right|_{x=\bar{x}} \{y(t)\}^2$$
$$+ \frac{1}{3!} \left.\frac{\delta^3 S}{\delta x^3}\right|_{x=\bar{x}} \{y(t)\}^3 + \cdots \quad (2.28)$$

ここで，$y(t) \equiv x(t) - \bar{x}(t)$ である．$\bar{x}(t)$ が運動方程式を満足することから右辺第二項はゼロになるのは言うまでもない．

以下では，古典軌道の周りでの展開(2.28)の $\{y(t)\}^3$ 以上の項を無視する近似を行うことにしよう．無視することが許される根拠を，簡単のため，汎関数積分の場合ではなく通常の積分の場合で説明すると，たとえば

$$\int_{-\infty}^{\infty} \exp\left[\frac{i}{\hbar}\left(t^2+a_3t^3+a_4t^4+\cdots\right)\right]dt$$
$$= \int_{-\infty}^{\infty} \exp\left(\frac{i}{\hbar}t^2\right)\left[1+\frac{i}{\hbar}a_3t^3+\frac{i}{\hbar}a_4t^4+\frac{1}{2}\left(\frac{i}{\hbar}\right)^2a_3^2t^6+\cdots\right]dt$$
$$= \sqrt{i\pi\hbar}\left[1+\frac{15}{16}ia_3^2\hbar-\frac{3}{4}ia_4\hbar+\cdots\right] \quad (2.29)$$

であるが,$\hbar\to 0$ では t^2 からの寄与に比べて t^3 以上の項からの寄与が効かなくなる.汎関数積分の場合にも原理的には同じ理屈を使う.$\{y(t)\}^3$ 以上の項を考えないことにすると,積分は具体的に実行でき

$$\tilde{K}(x_1,t_1;x_0,t_0) = \left(\frac{1}{2\pi i\hbar\,J}\right)^{1/2}\exp\left[\frac{i}{\hbar}S(x_1,t_1;x_0,t_0)\right] \quad (2.30)$$

という表式が得られる*.ここで,$S(x_1,t_1;x_0,t_0)$ は,$x(t_0)=x_0$,$x(t_1)=x_1$ を満たすような古典軌道に沿って計算される古典作用,また,J は**ヤコビ場**と呼ばれるもので,いま考えている1自由度系の場合

$$J(p,t) = \frac{\partial x(p,t)}{\partial p} \quad (2.31)$$

がその定義である.ただし,$x(p,t)$ の記号は少し説明を要する.ある時刻 $t=0$ での初期条件 $(x(0),p(0))$ が決まると運動方程式に従う軌道は一意に決まる.ここで,位置 $x(0)$ を固定し運動量 $p(0)$ の方を(連続的に)動かしてみる.すると,$x=x(0)$ に発する軌道の「束」が現れる.この「束」に沿った運動を表すのが $x(p,t)$ である.そして,ヤコビ場 $J(p,t)$ はその初期運動量 p に関する微分であるから,それは,ある位置 $x=x(0)$ に発した軌

---

* たとえば,L. S. Schulman, *Techniques and Applications in Path Integration*, Wiley, 1981.

道と，その運動量をわずかにずらしたものとが時刻 t でどれだけずれているか，を表していることになる．

ヤコビ場 $J(p,t)$ の定義より

$$J(p,0) = 0$$

であるが，たとえばラグランジアンとして $\mathcal{L}=m\dot{x}^2/2-V(x)$ を仮定すれば，$\partial J(p,t)/\partial t|_{t=0}=1/m\neq 0$ となっているので，$J(p,0)=0$ であったヤコビ場は $t=0$ のごく近傍ではゼロでない．

ここでいま，ある時間 T が経ったのち再び

$$J(p,T) = 0$$

となることがあったとする．このような点 $x(T)$ は，幾何光学とのアナロジーから**焦点**(focal point)，あるいは**火点**(caustics)と呼ばれるもので，焦点の近傍では軌道の束の集散が起こる．ここでの説明はすべて 1 自由度に沿ったものであったが，この話は一般の自由度の場合にも当てはまる．

経路積分の $\hbar \to 0$ での表式(2.30)に話を戻そう．焦点を作るような位置 $x=x(T)$ では，(2.30)の右辺の係数が発散してしまい，この表式は意味をもたない．この発散は仮に $\hbar$ の展開次数を上げたとしても改善されることはない．

では，$J=0$ となるのは具体的にどのような点だろうか．これは，ヤコビ場の定義を考えればすぐにわかる．(2.30)の右辺の係数の発散をもたらすような点は，図2.7に示した，時間発展した位相空間の集合が多価性をつくる点(たとえば，図中の $x=x_{\mathrm{f}}$)である．そして，この多価性をつくる点が現れる瞬間を境にして経路積分に寄与する軌道が複数本出てくる．さらに，この経路積分が破綻する点は，2.2節での中に出てきた(2.13)のような条

件が破れる点と共通の起源をもつことにも注意をしたい．

さて，前節でも見たように，極小波束(2.22)は古典軌道に最も近い量子状態であった．古典力学では，位置と運動量が完全に確定するのに対して，極小波束は，確定こそしないものの，位置，運動量双方の不確定性を最小にした状態である．極小波束がどこまで形を崩さず古典粒子のように振る舞うか？この点は，本章で最初に立てた問いの中でも大事なポイントであった．

では初期の状態として極小波束を選んで経路積分を考えるとどうなるだろうか．これについては，その説明のためさらなる準備が必要であり，残念ながら詳しい解説をすることはできない．ここでは，仮に極小波束を初期量子状態に取ったとしても，上で指摘した「焦点(or 火点)の困難」を回避することはできないことだけを強調しておく．ただし，極小波束の場合には，焦点(or 火点)が複素面に現れることから，古典粒子のように振る舞い続ける時間が長くなる．どれだけ「延命されるか」については，これもやはり具体的な状況を特定しない一般論が存在するわけではない．この事情はこれまでと変わるところはない．

次章での議論の中心になることでもあるので，最後に，焦点が発生したあとでの(2.30)の表式の妥当性について簡単にコメントしておきたい．上では，古典軌道からのずれ $y(t)$ の3乗以上の項を無視する近似のもとで(2.30)を導いた．これはおおよそ，$y(t)=\mathcal{O}(\hbar^{1/2})$ と仮定していることに等しい．それに対し，焦点が現れると(2.30)の右辺の係数が発散するためこの近似は破綻した．しかし，図2.7で見たように，焦点が現れたとしてもそれらは座標空間上のごく限られた点である．であるならば，焦点を除外しさえすれば仮に寄与する軌道が複数本現れたとしても近似は有効であり続けるのではなかろうか．もっともな疑

問である．これは，2.2 節で議論した(2.16)や(2.19)などの条件の妥当性とも通ずる．条件(2.16)が破綻するのは，古典的な転回点であったが，そこから外れた場所ではアイコナール近似が有効であることが期待される．

それに対する模範解答は，「仮に寄与軌道が複数現れたとしても，それらが十分離れ各古典軌道が独立と見なしてよい限り近似は有効」というものであろう．妥当なものであり特に文句の付けようがないようにみえる．経路積分に限らず，この種の近似を用いるときにはいつも暗黙裏に仮定されるものである．次章以降では，この仮定の妥当性を議論することになる．

3
漸近展開とWKB解析

　前章では，量子力学と古典力学のつながり方を，量子力学→古典力学という方向で見てきた．量子力学では，位置と運動量(に限らず共役な変数どうしはいつも)同時観測可能ではない．このことは交換子がゼロにならないことに反映される．$\hbar \to 0$ にしたとき交換子がポアソン括弧に近づくのであれば，プランク定数がゼロに近づくにつれ量子力学は古典力学に移行する，こう言い切って差し支えないはずである．しかし，事はそう単純ではなかった．

　古典粒子に最も近い量子力学の対応物として，波束，特に位置と運動量双方に対してその不確定性の最も小さい極小波束を初期状態としてその時間発展を考える場合，それが古典粒子のように振る舞うことが，量子→古典への移行を正当化するひとつの十分条件であった．しかし，その性質をもつことが保証されるのは，調和振動子，自由粒子などある意味で特殊な場合に限られた．一般の場合，果たして量子波束が古典粒子のように振る舞い続けるのか，その問いは単純にして基本的であるにもかかわらず，即答を許すほどやさしくはなかった．

■3.1 プランク定数ゼロの極限

前章で(2.8)と書かれていたものを，ここではもう少しシンボリックに

$$\text{"量子力学 = 古典力学} + \mathcal{O}(\hbar)\text{"} \qquad (3.1)$$

と表現して問題のポイントを整理したい．これは「量子力学を$\hbar$で摂動展開したとき，その第ゼロ近似が古典力学になっている」，同じことであるが「量子力学は，古典力学を主要項として$\hbar$で展開される」ことを表現したものである．

表式(3.1)をめぐって，ここでは再び，古典力学を起点とした立場から古典と量子の関係を考えてみることにしたい．最初に問いたいのは，この展開が$\hbar$に関していかなる種類の展開なのか，という点である．そう訊かれたときまず答えなければならないのは，そもそもそれが収束するのか発散するのか，であろう．何を言っているのだ，物理で大事なのはたいていの場合，摂動の初項か，せいぜいその次の項くらいで，無限級数の収束性など問題にして意味があるのか，と思われる人が多いに違いない．しかし，以下の話のポイントはまさにここにある．

先を急がず順番に考えていこう．展開が発散する場合，まったく意味もなく発散してしまう場合と，たとえ収束しなくとも漸近展開になっている，すなわち$\hbar \to 0$とすれば漸近的に正しい展開になっている場合，この二通りがあることはよく知られている．まったく意味もなく発散してしまう場合は排除されるであろうから，現実的にあり得るのは，有限の$\hbar$に対しても成り立つ収束する展開なのか，さもなければ$\hbar \to 0$のときにのみ成

り立つ漸近展開なのか, ということである. いずれの場合も

$$\lim_{\hbar \to 0} [量子力学] = [古典力学] \qquad (3.2)$$

であることには変わりはないが, その意味するところはまったく違う. 量子力学と古典力学との関係が, 仮に前者の意味での展開で与えられているとすると, プランク定数ゼロの極限は非常に性質がよいことになる. 展開が解析的であることは, プランク定数をゼロに置いたものと, プランク定数ゼロの極限とが等しいことを意味するからである. プランク定数をゼロにおいたものは古典力学そのものなので「プランク定数をゼロに近づけた極限と古典力学とが一致する」ことになる. ニュートン力学と特殊相対論とは, v^2/c^2 を展開のパラメータとしてまさにそのような関係にある. 本書の冒頭で述べた「加速度運動は等速直線運動を内包する」というのも当然その例である.

しかし, 実際の量子力学と古典力学の関係はそうでない. そして, 前章で見たプランク定数ゼロの極限で現れる収まりの悪さ, 見方によっては, 量子力学と古典力学との関係を豊かにしているすべての起源は, 実は, すべて(3.1)が後者の意味の展開, すなわち漸近展開になっていることにある. そしてそれは「プランク定数をゼロに近づけた極限と古典力学とは必ずしも一致しない」ことに他ならない. このような極限は広く「特異極限」と呼ばれるものであり, (3.1)の展開が漸近展開であることは, 古典力学が量子力学の特異極限になっていることと同義である.

$\hbar \to 0$ が**特異極限**になっていることは, たとえば時間に依存しないシュレーディンガー方程式

$$\left[-\frac{\hbar^2}{2m} \frac{\mathrm{d}^2}{\mathrm{d}x^2} + V(x) \right] \psi(x) = E\psi(x) \qquad (3.3)$$

を眺めればただちに了解できる．時間に依存しないシュレーディンガー方程式は2階の微分方程式である．ところが，ここで$\hbar=0$と置くと，微分方程式の階数が低下するどころか，そもそも微分方程式ですらなくなってしまう．その解は，$V(x)=E$を満たす点，すなわち古典転回点以外は$\psi(x)=0$というもので，古典転回点における波動関数の発散という，あるべき一側面をかろうじて反映しているとは言うものの，考えている系の古典力学の情報は影も形もない．一方，$\hbar\to0$の極限を考える際には，$\hbar$は小さいにせよゼロではない．先に述べたように，$\hbar=0$と置くことと$\hbar\to0$の極限を取ることとは方程式の意味がまったく違うわけである．特にシュレーディンガー方程式の場合，その最高階$\mathrm{d}^2/\mathrm{d}x^2$の係数に摂動のパラメータである$\hbar$がかかっているため，$\hbar=0$とした途端に微分方程式そのものの性質が変わってしまうことに大きな特徴がある．

一般に，摂動とみなせる小さいパラメータεをもつ微分方程式ないしは代数方程式に対して，$\varepsilon=0$と$\varepsilon\to0$とで方程式あるいは方程式の解の振る舞いが定性的に異なってくるものは**特異摂動問題**と呼ばれる．量子力学のシュレーディンガー方程式はその典型である．他にも，粘性流体を記述するナビエ-ストークス方程式などをその代表例として挙げることができる．ナビエ-ストークス方程式は，レイノルズ数と呼ばれる慣性項と粘性項の大きさの比を表す無次元パラメータをもつが，粘性が小さい通常の液体などの場合，レイノルズ数を微少パラメータと見なすことができる．ナビエ-ストークス方程式もレイノルズ数が微分方程式の最高階にかかった形をしており，こちらも典型的な特異摂動の問題である．レイノルズ数をゼロと置いたものは完全流体，すなわち粘性のまったくない理想的な流体である．

■3.2 反射係数に見られる特異極限

まずは具体例を見ることで，シュレーディンガー方程式における特異極限の事情を見てみたい．いま，エネルギー E をもった粒子が，ポテンシャル

$$V(x) = \frac{V_0}{1+\mathrm{e}^{-x/L}} \qquad (3.4)$$

に左側から入射する問題を考える（図 3.1）．L はポテンシャルの幅を表すパラメーターで，$L \to 0$ でポテンシャルは階段状になる．量子力学の教科書ではおなじみの 1 次元散乱問題である．以下ではまず入射エネルギー E がポテンシャルの高さ V_0 より大きい場合（$E>V_0$）を考える．古典的に考えれば，粒子は減速しながらもポテンシャルの山を登り切り，そのまま一定速度に漸近しながら無限遠方に飛び去る，そういう状況である．

よく知られるように，この系を量子力学で考えると，入射エネルギー E がポテンシャルの高さ V_0 より大きいにもかかわらず，粒子はある確率で反射されてしまう．のちに詳しく議論するトンネル効果も，古典粒子が到達できない領域へ遷移が起こる不思議な現象であるが，運動を隔てる障壁が存在しないにもかかわらず，粒子の反射確率がゼロにならないいまの状況はある意味もっと不思議かもしれない．ここではポテンシャルが (3.4) で与えられる系の反射確率に注目する．

通常通り，遠方での波動関数を

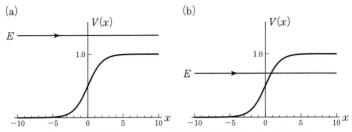

図 3.1 階段状ポテンシャルの模式図．(a)入射エネルギーがポテンシャルより大きい場合．(b)入射エネルギーがポテンシャルより小さい場合．

$$\psi(x) = \begin{cases} \exp\left(\dfrac{ip_1 x}{\hbar}\right) + R_L \exp\left(\dfrac{-ip_1 x}{\hbar}\right) & (x \ll 0) \\ T_L \exp\left(\dfrac{ip_2 x}{\hbar}\right) & (x \gg 0) \end{cases}$$
(3.5)

とおく．$|R_L|^2$, $|T_L|^2$ はそれぞれ粒子の**反射係数**，および**透過係数**を表す．ここで，$p_1=(2mE)^{1/2}$, $p_2=(2m(E-V_0))^{1/2}$ は十分遠方での粒子の運動量である．

この系の $L \to 0$ の極限での定常散乱問題は簡単な演習問題であり，その反射確率は

$$|R_0|^2 = \left(\frac{p_1 - p_2}{p_1 + p_2}\right)^2 \tag{3.6}$$

となる．

実はいまの場合，L が有限でポテンシャルが滑らかな場合にも，系の定常散乱問題を厳密に解くことができる．詳細はランダウ–リフシッツの教科書を見ていただくことにして結果のみを記すと，その反射係数 $|R_L|^2$ は

$$|R_L|^2 = \left(\frac{\sinh\{\pi(p_1-p_2)L/\hbar\}}{\sinh\{\pi(p_1+p_2)L/\hbar\}} \right)^2 \tag{3.7}$$

という表式をとる*.

こうして得られる反射係数 $|R_L|^2$ の $\hbar\to 0$ の極限を考えてみたい.すぐわかるように,上の表式のままで単純に $\hbar\to 0$ の極限を取ることはできない.と言うのは,分母分子の sinh の中にある $\exp(\mathrm{const.}/\hbar)$ という関数は $\hbar=0$ が解析的でなく $\hbar=0$ の周りでテイラー展開することができないからである.分母分子がゼロになる際の常套手段であるロピタルの定理を用いることはできない.

しかしいま,$p_2<p_1$ であるから,$\hbar \ll p_2 L$ のとき

$$\sinh\{\pi(p_1-p_2)L/\hbar\} \approx \exp\{\pi(p_1-p_2)L/\hbar\}/2$$

としてよいことを用いると

$$|R_L|^2 \approx \exp\left(-\frac{4\pi p_2 L}{\hbar}\right) \tag{3.8}$$

という簡単な近似式が得られる.考えている波動関数のド・ブロイ波長は $\lambda=\hbar/p$ であるから,$\hbar \ll p_2 L$ という条件は,「ド・ブロイ波長がポテンシャル変動の幅に比べて十分短い」ことを意味する.これは前章で導いた (2.19) の条件と同じものであることに注意したい.

ちなみに,上では $\hbar \ll 1$ のとき $\exp(-\mathrm{const.}/\hbar)\ll 1$ であることを使ったわけだが,以下に示すように,得られた (3.8) は実際には $\hbar$ が $\mathcal{O}(1)$ であってもかなりよい近似を与える.図 3.2 に示し

---

* ランダウ–リフシッツ理論物理学教程『量子力学 I』,東京図書,1983.

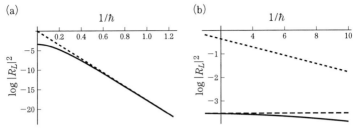

図 3.2 (a) $L=1$ の場合の反射係数に対する厳密な表式(3.7)(実線)とその近似式(3.8)(点線)との数値的比較．(b) $L=0.01$ の場合の厳密な表式(3.7)(実線)近似式(3.8)(点線)および，$L=0$ での表式(3.7)(破線)の比較．

たのは，反射係数に対する厳密な表式(3.7)とその近似式(3.8)との数値的な比較である．$\hbar$ が小さい領域では期待される通り，近似式と厳密な表式とは非常によい一致を示す．ところが驚くことに，本来の近似の適用領域を遙かに逸脱した $\hbar$ で計算しても真の値が十分よく再現されていることがわかる．また，$\hbar$ が非常に小さい場合，近似式(3.8)を用いない限り $|R_L|^2$ の具体的な数値を得ることは難しい．なぜならば，厳密な表式(3.7)をそのまま計算しようとすると，分母分子ともに巨大な数になってしまい正確な計算を実行することができないからである．

さて，厳密な表式(3.7)上で $\hbar \to 0$ とすることは難しかったので，近似式(3.8)の上で $\hbar \to 0$ の極限を取るとどうなるだろうか．この場合，ポテンシャル変動の幅 L が有限である限り $|R_L|^2 \to 0$ となり，反射係数は古典極限であるゼロに近づく．つまり，近似式(3.8)は $\hbar \to 0$ で正しく古典論を再現することになる．

注意しなければならないのは，$L=0$ の場合である．この場合，$\hbar$ がどんなに小さくとも有限である限り，近似式(3.8)はつねに $|R_L|^2=1$，古典的な完全反射，というまったくナンセンスな答えを返してくる．したがって，$L=0$ に対してこの表式は使えな

いことになる．この場合には，近似式(3.8)を経由せずに，厳密な表式である(3.7)において直接 $L\to 0$ としなければならない．そうすれば表式(3.6)はただちに導かれる．

(3.6)を(3.7)の近似とみなした場合，その成立条件は，$L\ll\hbar/p_1$ である．これは，(3.8)が厳密な表式(3.7)の近似として成立する $\hbar\ll p_2 L$ とは正反対の条件になっていることに注意したい．(3.8)が成立するのは，ド・ブロイ波長がポテンシャルの変動幅に比べて十分小さい状況だったのに対して，(3.6)はポテンシャルの変動幅がド・ブロイ波長に比べて非常に小さい状況である．すなわち量子力学の教科書でおなじみの階段型ポテンシャルの問題は，量子古典対応の観点からはその条件を最も著しく破っている状況ということになる．

このように，ポテンシャルが不連続に変化するような状況は，実は「光学」の世界ではごく普通にあらわれる．幾何光学と波動光学との関係は，古典力学と量子力学との関係になぞらえられることは既に何度か述べたが，同様の問題を光学の問題として考えることは容易である．不連続なポテンシャル中の波動関数の伝搬は，異なる屈折率をもつ媒質間を通過する光波の問題だからである．媒質間の屈折率が大きく異なるほど，波動効果として「回折現象」が顕著になってくることはよく知られるところである．波動現象として起きていることは量子力学でも同じはずである．このことから，階段型ポテンシャルをもつ系の散乱波は，ポテンシャルの不連続性がもたらす量子回折波，ということになる．このような状況は，$\hbar\to 0$ での極限をさらに詳しく考察する以下の議論からは除外することにしたい．回折をいかに取り扱うか，さらにはいま考察した両極限，すなわち $\hbar\ll p_2 L$ と $L\ll\hbar/p_1$ の中間領域ではなにがどう起こっているの

か，などなど，周辺には興味の尽きない問題がたくさんあるが，ここではそれらに立ち入る余裕はない．

3.3 WKB 解析の考え方

3.2 節でみた 1 次元ポテンシャル問題は，$\hbar \to 0$ の極限にいろいろ微妙な問題が隠れていることを知るのによい例題だが，ここでの議論は，このポテンシャル問題が解析解をもつことに大きく依ったものであるのは否めない．たまたま解を求めることができたおかげで，反射係数の具体的な表式を得ることができ，それを出発点として $\hbar \to 0$ におけるいくつかの微妙な側面を切り分けることが可能であった．たとえば近似式(3.8)は，厳密な表式(3.7)を眺めながら「目の子」で出したものであったし，階段極限を取ることによって垣間見える回折の問題も，L が有限の一般的な状況から導かれたものであった．得られた結果は十分に示唆的であるが，残念ながらそれらがどこまで一般性を持ち得るものなのかいまひとつ判然としないところがある．また，厳密な解が存在しない場合の指針を与えないことにも不満が残る．

ここからは，**WKB**(Wentzel-Kramers-Brillouin)**解析**の観点からこれらの問題を考える．**WKB 法**は，量子力学の近似法としてレイリー-シュレーディンガーの摂動論や変分法などと並んで，たいていの量子力学の教科書に紹介されている．好き嫌いは別にして，量子力学を勉強したことのある人にとっては一度は触れたことのある近似手法のひとつに違いない．しかし，その位置づけはあくまでも「近似手法」の域を出ず，定式化や基本設定など，量子力学の本題に関わるものと比べるといささか優

先順位が落ちる.原理原則を認めた上での技術的な問題,そんな印象をもっている人も多いのではないだろうか.加えて,これだけ計算機が高速かつ大型化し,前章で時間発展を観察したような単純な系であれば瞬く間に計算することが可能になった現在,手間のかかる近似法を駆使することは費用対効果の点を考えても割りに合わない,そう感じる人がいても不思議ではない*.

しかし,ここで強調したいのはWKB法の近似手法としての側面ではない.そしてそのことと関連して,以下では通常称される「WKB近似」と「WKB解析」とを分けて使うことにしたい.WKB解析という呼び名を敢えて使う理由は,3.7節以降詳しく述べることになる,完全WKB解析と呼ばれる新しいWKB理論が量子力学と古典力学とのつながりを最も精密に教えてくれるからである.このあたりの事情は追々明らかになっていくことでもあるので,まずは,WKB法とは何であったかを思い出すために,その手順を通常のフォーマットに従って復習しておく.

適用する対象は,再び1次元の定常状態のシュレーディンガー方程式

$$\left[-\frac{d^2}{dx^2}+\eta^2 Q(x)\right]\psi(x)=0 \qquad (Q(x)=2m(E-V(x))) \tag{3.9}$$

である.ただし,完全WKB解析で用いられる記号にならって,

---

* とは言うものの,前節,図3.2の計算で少しその片鱗も見えたが,もともと漸近展開理論の一分派として発展したWKB解析は,多少の手間暇はかかるものの「数値計算装置」としての機能は未だ劣化するところはない.特に,既に少し議論した,そしてこれから詳しく議論する「指数関数的に小さい量」を正確に扱う方法としては,むしろ最先端の計算手法のひとつと言ってよいかもしれない.

小さい変数 $\hbar$ の代わりに大きい変数 $\eta=\mathrm{i}/\hbar$ を用いて書いた.通常の WKB 法では,$\psi(x)=\exp\bigl[\eta W(x)\bigr]$ とおき,$W(x)$ の η に関する展開を仮定するのに対し,ここでは後での見通しのよさを考えて $\psi(x)=\exp[R(x)]$ とおき,$S(x)=\mathrm{d}R(x)/\mathrm{d}x$ で定義される $S(x)$ に対して

$$S(x) = S_{-1}(x)\eta + S_0(x) + S_1(x)\eta^{-1} + \cdots \quad (3.10)$$

を仮定する.

類似のことは既に 2.2 節でも行っているが,波動関数 $\psi(x)=\exp[R(x)]$ をシュレーディンガー方程式(3.9)に代入して得られる

$$-\left[S^2(x) + \frac{\mathrm{d}S(x)}{\mathrm{d}x}\right] + \eta^2 Q(x) = 0 \quad (3.11)$$

に $S(x)$ を展開した(3.10)を入れ,η のそれぞれのべきを等しくおくことで

$$\eta^2 : S_{-1}^2 = Q(x)$$
$$\eta^1 : 2S_{-1}S_0 + S'_{-1} = 0$$
$$\eta^0 : 2S_0 S_1 + S_0^2 + S'_0 = 0$$
$$\cdots$$

を得る.$\mathcal{O}(\eta^2)$ の項から

$$S_{-1}^{\pm}(x) = \pm\sqrt{Q(x)} \quad (3.12)$$

それを $\mathcal{O}(\eta^1)$ の項に代入し

$$S_0^{\pm}(x) = -\frac{1}{2}\ln\sqrt{Q_{\pm}(x)} \quad (3.13)$$

が得られる.さらに高次の $S_1, S_2, \cdots$ らも逐次決めていくこと

も可能だが，通常，量子力学の教科書の中で **WKB 近似**と言うと，$S(x)$ を η に関して展開した(3.10)で $\mathcal{O}(\eta^1)$ までを取ったものを指すことが多い．つまり，WKB 近似された波動関数とは，$S_{-1}(x)$ の 2 つの解に対応した

$$\psi_\pm^{\mathrm{WKB}}(x) = \frac{1}{\sqrt{S_{-1}^\pm(x)}} \exp\left[\eta \int_{x_0}^x S_{-1}^\pm(x')\mathrm{d}x'\right] \quad (3.14)$$

を線形独立な基底にもつようなものを言う．

さて，WKB 近似の話で定番として出てくる応用は，1 次元のポテンシャル問題，特に，図 3.1(b)に示すようなポテンシャル障壁を越える接続問題であろう．先に考えたポテンシャル(3.4)における $E<V_0$ をもった粒子の問題と考えてもよい．前節で考察したケースは，エネルギーが $E>V_0$ であり古典的には確率 1 で透過するが，今回は確率 1 で反射され，その代わりにトンネル効果によってポテンシャル壁を越えたしみ出しがある．

取り扱いの詳細は本書の趣旨から外れるが，以降の話と関連する部分もあるので，おおよその流れだけを述べておきたい．WKB 解の接続は以下の手順で行う．まず

(A) 古典的転回点($V(x)=E$ を満たす点．以下では $x=0$ に転回点があるとする)から十分離れた領域，$x\ll 0$, $x\gg 0$ における WKB 解をつくる．ポテンシャル(3.4)の場合であれば，十分遠方のポテンシャルは定数となる．ポテンシャルの変動はド・ブロイ波動に比べて無視できるため，この領域では WKB 波動関数は十分よい近似を与える．一方，WKB 波動関数(3.14)から明らかなように，古典的転回点 $x=0$ では $p_\pm(x)=\pm\sqrt{Q(x)}=0$ となるためそのままの形で使うことができない．そこで

（B）転回点の近傍を別途扱う．その方法としては転回点 $x=0$ 近傍のポテンシャルを $V(x)\approx\alpha x$ と線形のポテンシャルで近似し，そのポテンシャル問題を厳密に量子力学として扱う．線形のポテンシャル問題は解くことができるので，それを転回点 $x=0$ の周りの解とする．しかし，そのままでは(A)で求めた WKB 解との関係がわからないので，

（C）転回点近傍で厳密に解かれた解が転回点から十分離れた場所でどのように振る舞うかを考察する．具体的には積分表示された転回点近傍の厳密解の $x\ll 0$, $x\gg 0$ における漸近形を求め，それと外側で求めた WKB 波動関数とが整合するように重ね合わせの係数を調整する．

こういった流れである．WKB 近似の話がどうしても好きになれない人がいるとすれば，それはこの手順の煩雑さと，若干ご都合主義的な，何か木に竹を接ぐようなところではないだろうか．そこまで説明してある教科書は少ないと思うが，うるさいことを言えば，外側の WKB 波動関数と内側厳密解の漸近形とが双方ともに有効な領域が存在することを確かめる必要があるし（実際それは存在するのだが），定番として出てくる図 3.1(b) のような状況はともかく，別の状況，たとえば最初にみた散乱問題の反射係数を計算する場合どうやって応用すればよいのか，どこまで系統的に処理することができ，どこから個別の問題なのかもいまひとつはっきりしない．また，結果オーライという立場であればそれはそれでよいのかもしれないが，近似の精度が何によってコントロールされているか曖昧なのも何やら気持ちが悪い．WKB 近似は技巧的な色彩の強い計算手法，という印象を抱く人が多いのも致し方ないところがある．

実際，WKB 法はその適用法を正しく理解していないとすぐ

に迷子になってしまう．先に見たポテンシャルが(3.4)で与えられる散乱問題にWKB法を応用することを考えてみよう．

まず，ステップ(A)では$x \ll 0$, $x \gg 0$でのWKB波動関数をつくらなければならない．$x \ll 0$では$p=p_2$, $x \gg 0$では$p=p_1$であったから，原点Oから十分離れたそれぞれの領域でのWKB波動関数(3.14)はただちに書き下すことができる．$x \gg 0$では境界条件より左向き進行波解は捨てられるから(3.5)の形が出てくる．しかしここで定番例との違いが出てくる．定番例では，$x \gg 0$は古典的非許容領域であり，そこでの運動量は虚数，したがって，指数関数の肩は負の実数(正の実数の解は増大する解なので境界条件より捨てられる)となり指数関数的に減衰するトンネル解が「自然に」出てくる*．ところが，考えている散乱問題でそのまま同じことをやっても反射波の係数$|R_L|^2$が指数関数的に小さくなることは出てこない．最初に置いた(3.5)の形からもわかるように，負の運動量をもつ反射波は，正の運動量をもつ入射波と同じ領域$x \ll 0$に共存しているはずであるが，(A)に従って書き下したWKB波動関数にはそれが含まれていない．それ以前に，そもそも反射波が出てくる物理的理由がわからない．定番モデルでは，$x \ll 0$での左向き進行波解は古典的転回点で反射された波であるが，いま考えている散乱問題にはどこにも転回点が存在しないからである．

もう少し突っ込んで考えると，$\hbar$に対して指数関数的に小さい反射係数$|R_L|^2$をもつWKB解

---

* 「虚数の運動量」は，物理的には何のことだかよくわからない．しかし，純粋に波動効果としてしか捉えることのできないはずのトンネル効果を，「虚数の運動量」をもつ古典粒子が運動する現象と見立てることができるのは面白い．純量子現象に「直感的な」描像を与えることができることがWKB解析の利点である．

$$\psi^{\mathrm{WKB}}(x) = \exp\left(\frac{\mathrm{i}p_1 x}{\hbar}\right) + R_L \exp\left(\frac{-\mathrm{i}p_1 x}{\hbar}\right) \qquad (x \ll 0) \tag{3.15}$$

を仮定することの中に,既にかなり微妙な問題が含まれていることがわかる.それは以下の理由による.まず,$S(x)$ の展開を $\hbar$ の最低次のところで止めずに,頑張って $\hbar$ に関するすべてのオーダーにわたって実行したとする.さらに得られた波動関数 $\psi(x) = \exp\left(\frac{\mathrm{i}}{\hbar}S(x)\right)$ も $\hbar$ に関するべき級数に展開する.そしてこのべき級数が「仮に」収束級数であったとする.すると,$\hbar$ に関して指数関数的な依存性をもつ反射係数が出てくることはあり得ない.先に述べたように,関数 $|R_L|^2 = \exp(-4\pi p_2 L/\hbar)^2$ は $\hbar = 0$ の周りで解析的でないからである.これは裏を返すと,WKB 解析の中から $\hbar$ に関して指数関数的な依存性をもつ項(定番モデルで言えばトンネル確率,いまのモデルで言えば反射係数)が出てくるためには $\hbar$ に関する展開が収束する級数であってはならないことを意味する.そして実際,$\hbar$ に関する展開は収束する級数ではない.

だいぶもって回った説明になってしまったが,以上のような筋道をたどってくると,WKB 近似の手続きの中には確かに「木に竹を接ぐ」ような側面が多々あることがわかってくる.各領域間でつくられた解を接続する点もそうだが,指数的に小さいものと 1 のオーダーのものとを同時に扱うところも判然としない点である.そして,この判然としない問題に対しては「収束しない級数」が鍵を握っていることがおぼろげながら見えてくる.実際,トンネル確率や反射確率など $\hbar$ に対して指数関数的に小さいものが問題になるのは古典力学が量子力学の特異極限であることのひとつの顕れである.そして,上手に「木(古典)に

竹(量子)を接ぐ」ためには「収束しない級数」という濃い霧を払う必要がありそうなことがわかってくる．

■3.4 漸近級数について

摂動論は解けない問題を前にしたときに用いる常套手段である．そして，実際の問題に現れる摂動級数は多くの場合，収束しない級数であることはよく知られている．しかしまた，その級数は単なる発散級数ではなくしばしば漸近級数になっている．

発散級数とは収束しない級数のことであるが，漸近級数とは何であろうか．よく用いられる例で手短かに説明したい．まず，以下の積分を考える．

$$f(x) = \int_0^\infty \frac{\mathrm{e}^{-xt}}{1+t} \mathrm{d}t \qquad (3.16)$$

x が正の実数のとき，この積分は収束し，各 x ごとに有限確定値をもつ．いま形式的に被積分関数を

$$\mathrm{e}^{-xt} \sum_{n=0}^\infty (-1)^n t^n$$

と展開し，公式

$$\int_0^\infty s^n \mathrm{e}^{-s} \mathrm{d}s = n!$$

を用いて項別に積分すると，以下の形式べき級数を得る．

$$\tilde{f}(x) = \sum_{n=0}^\infty \frac{(-1)^n n!}{x^{n+1}} \qquad (3.17)$$

隣り合う項の比の $n \to \infty$ での振る舞いを見れば，$\tilde{f}(x)$ は任意の x に対して発散することが確かめられる．

このように，$\tilde{f}(x)$ の収束半径はゼロで発散級数になっている．

しかしいま，$\tilde{f}(x)$ を有限項までの和とその剰余項とに分けて，

$$\tilde{f}(x) = \sum_{n=0}^{N} \frac{(-1)^n n!}{x^{n+1}} + R_N(x) \qquad (3.18)$$

と書いてみる．すると剰余項は

$$|R_N| < \left|(-1)^{N+1} \int_0^\infty \frac{e^{-xt} t^{N+1}}{1+t} dt\right| < \frac{(-1)^{N+1}(N+1)!}{x^{N+1}} \qquad (3.19)$$

と評価されることから，$x \to \infty$ で $R_N(x) \to 0$ となることがわかる．つまり，$\tilde{f}(x)$ は収束こそしないものの $x \to \infty$ でいくらでももとの関数 $f(x)$ に近づくことになる．このような性質をもつ形式級数を漸近級数と呼び，通常，もとの f と形式級数 $\tilde{f}(x)$ との関係を

$$f(x) \sim \tilde{f}(x) \qquad (x \to \infty) \qquad (3.20)$$

と表記する*．特にいまの場合，(3.19)から明らかなように，真の関数の値 $f(x)$ からの誤差は，打ち切った次の項($n=N+1$)を越えることがない．ちなみに，物理でしばしば遭遇する，発散しつつ漸近級数になっている場合には，実用上その級数をどこで打ち切れば真の値との誤差が最も小さくできるか，という問題が重要になってくる．たとえば，上記の漸近級数については(3.19)の評価があるお陰で，級数の各項の絶対値が最小になったところで打ち切ればよいことがわかる．

---

* 正確には，$\lim_{x \to x_0} u_{n+1}(x)/u_n(x) = 0$ を満たす関数列 $\{u_n\}_{n \geq 0}$ に対して，$\lim_{x \to x_0} |f(x) - \sum_{n=0}^{N} a_n u_n(x)|/u_N(x) = 0$ が任意の N に対して成り立つとき，$\sum_{n=0}^{N} a_n u_n(x)$ を $f(x)$ の**漸近級数**という．漸近級数であるか否かは，本来，級数の収束性とは関係ないことに注意したい．

■3.5 WKB 解析における漸近級数

3.3節で触れたように，WKB解から導かれる$\hbar$の無限級数も漸近級数になる．具体例として，接続問題に現れる**エアリー関数**についてその様子を見てみよう．先にWKB法の接続問題の手順を説明した際，ステップ(B)として，古典的転回点近傍を線形のポテンシャルに置き直して厳密な量子力学として取り扱うことを述べた．エアリー関数はその線形ポテンシャルをもつシュレーディンガー方程式の解として得られるものである．

線形のポテンシャルのシュレーディンガー方程式はエアリーの微分方程式

$$\frac{\mathrm{d}^2 f(z)}{\mathrm{d}z^2} - z f(z) = 0 \qquad (3.21)$$

に帰着される．この微分方程式は2階の微分方程式なので線形独立な解を2つもつが，ここでは量子力学の接続問題に関係する方だけを問題にすることにする．微分方程式は変数zを複素数の領域まで広げて考えても差し支えない．エアリーの微分方程式の解は，複素数zを用いて

$$\mathrm{Ai}(z) = \frac{1}{2\pi \mathrm{i}} \int_{\mathcal{C}} \exp\left(\frac{1}{3} t^3 - zt\right) \mathrm{d}t \qquad (3.22)$$

という積分表示された形で書かれる．ここで$\mathcal{C}$は，無限遠方で一端が$-\dfrac{\pi}{3}$，他端が$\dfrac{\pi}{3}$の方向に向かうような積分路を取る．物理的に意味をもつのは変数zが実数のときだけなのであるが，複素面全体で関数を見ることが以降の話でたいへん重要になる．

(3.22)の積分路を適当に変形し対称性を考慮すると，$z=x$が実数の場合のエアリー関数の積分表示として

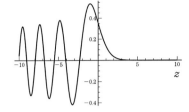

図3.3 転回点 $x=0$ 近傍でのエアリー関数 $\mathrm{Ai}(z)$. $x<0$ の側では振動, $x>0$ の側では指数的減衰を示す.

$$\mathrm{Ai}(x) = \frac{1}{\pi} \int_0^\infty \cos\left(\frac{1}{3}t^3 + xt\right) dt \tag{3.23}$$

が得られる.エアリー関数は,実軸上で図 3.3 に示すように,転回点 $x=0$ を境に $x<0$ の側では振動, $x>0$ の側では指数的減衰の様子をそれぞれ見せ,確かに古典的な運動可能領域での振動解,運動非許容領域での**トンネル解**をそれぞれ表現していることがわかる. $\mathrm{Ai}(x)$ と線形独立なもうひとつの解 $\mathrm{Bi}(x)$ は, $x>0$ の側で指数的増大を示し,境界条件から排除される.

エアリー関数 $\mathrm{Ai}(z)$ は,負の実軸を除く $|\arg z|<\pi$ の領域で以下の漸近展開をもつことが知られている*.

$$\mathrm{Ai}(z) \sim \frac{e^{-\xi}}{2\pi^{1/2} z^{1/4}} \sum_{n=0}^\infty (-1)^n \frac{c_n}{\xi^n} \qquad (|\arg z|<\pi) \tag{3.24}$$

ここで, $\xi = \frac{2}{3} z^{3/2}$ である.展開の係数はガンマ関数を用いて

$$c_0 = 0, \quad c_n = \frac{2^n}{3^{3n}} \frac{\Gamma(3n+1/2)}{\Gamma(2n+1)\Gamma(1/2)} \qquad (c \geq 1) \tag{3.25}$$

で与えられる**.

ここでは(3.24)の右辺の級数が発散級数であり,かつ漸近級

---

* たとえば, F. W. J. Olver, *Asymptotics and special functions*, AK Peters, Wellesley, Massachusetts.

** 漸近展開はいくつかの方法によって求めることができる.(3.24)は,たとえば(3.22)を適当な変数変換によってラプラス変型型の積分に変形し,部分積分を繰り返すことで得られる.

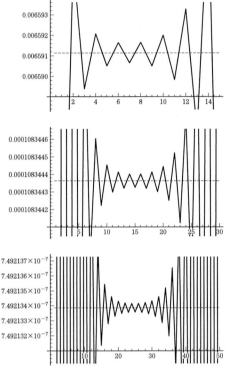

図 3.4 エアリー関数の漸近展開(3.24)において，右辺の部分和の次数を横軸，部分和を縦軸に取ったもの．上から，$z=3$, $z=5$, $z=7$．点線はエアリー関数の積分表示から求めた真の値．それぞれの真の値からの相対誤差は，それぞれ，$7.252746725\times 10^{-3}$ ($z=3$), $1.715464713\times 10^{-6}$ ($z=5$), $7.556405614\times 10^{-11}$ ($z=7$).

数になっていることを数値計算により実際に確かめてみよう．(3.24)右辺の部分和の次数を横軸，部分和の値を縦軸に取り，Ai(z)の真の値とを比較したものを図3.4に示す．部分和はある次数まで振動しながら真の値に近づいた後，しばらく真の値の

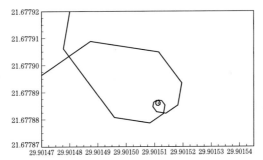

図3.5 エアリー関数の漸近展開(3.24)における,部分和の振る舞い.横軸,縦軸はそれぞれ部分和の実部,および虚部.$\theta=\pi/2$ の場合.渦の中にある点はエアリー関数の積分表示から求めた真の値.

周りを振動しながら滞留する.そして,さらに次数を増やすと再び真の値から外れはじめついには発散的に振動が大きくなる.また $|z|$ が大きいほど真の値の近傍で滞留しプラトー(平らな部分)をつくる領域が延びることもわかる.相対誤差を $|z|$ に対して計算すると,$|z|$ が小さいにもかかわらず少ない展開次数で極めてよい近似を与えること,また $|z|$ が大きくなるにつれ真の値との誤差が小さくなっていくことなどもわかる.

z が複素数の場合についても見てみよう.図3.5は,$\arg z=\pi/2$ に選び,真の値との比較を行った結果である.部分和は複素面上で渦を巻きながら真の値に接近し,次数を増やすと再び渦の輪を広げながら真の値から遠ざかる.このように,z が複素領域にあっても,確かに(3.24)が漸近級数として期待される性質を示すことがわかる.

負の実軸上はどうなっているのだろうか.漸近展開(3.24)は $|\arg z|<\pi$ の条件が付いていたので負の実軸上では使うことができない.しかし,(3.24)と同様の方法によって $Ai(z)$ は,負の

実軸を含む複素領域で

$$\mathrm{Ai}(-z) \sim \frac{1}{\pi^{1/2} z^{1/4}} \left\{ \cos\left(\xi - \frac{1}{4}\pi\right) \sum_{n=0}^{\infty} (-1)^n \frac{c_{2n}}{\xi^{2n}} \right.$$
$$\left. + \sin\left(\xi - \frac{1}{4}\pi\right) \sum_{n=0}^{\infty} (-1)^n \frac{c_{2n+1}}{\xi^{2n+1}} \right\}$$
$$(|\arg z| < 2\pi/3) \qquad (3.26)$$

なる漸近級数をもつことが知られている.ちなみに,正の実軸上では(3.24),負の実軸上では(3.26)がそれぞれ漸近級数となっており,それぞれの主要部を見ると,正の実軸上では指数的な減衰項 $e^{-\xi}$ が 1 つ,負の実軸上ではそれぞれ右向きおよび左向き進行波を表す $\sin\left(\xi-\frac{1}{4}\pi\right)$ と $\cos\left(\xi-\frac{1}{4}\pi\right)$ の 2 つの解が現れており,物理的な状況を反映したものになっていることがわかる.

再び部分和の振る舞いを,今度は $\arg z = 3\pi/4$ の場合について見てみよう.2 つの漸近級数(3.24), (3.26)は,複素面上でその適用可能領域に共通部分があるが,$\arg z = 3\pi/4$ はちょうどその共通部分に入っている.先に(3.26)の漸近級数を見てみる.この場合,図 3.6(a)に示すように,これもまた真の値に近づき再び離れる様子が観察される.ところが,同じ z に対して(3.24)の方の漸近級数を使うと,図 3.6(b)に示すように,その渦巻きの中心には真の値が入っておらず離れたところにある.これはどう理解すればよいのだろうか.

そのヒントは各領域での主要部の数の違いにある.先に述べたように,正の実軸上では 1 つの指数的減衰解,負の実軸上では 2 つの進行波解がある.正の実軸側で 1 つしか解が現れないのは,2 つの線形独立な解のうちの一方はその主要部が $e^{+\xi}$ と

3.5 WKB解析における漸近級数 | 69

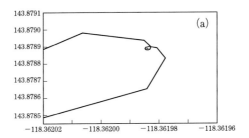

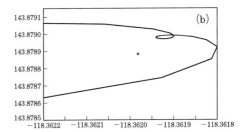

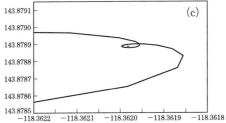

図 3.6　$\theta=3\pi/4$ の場合のエアリー関数の漸近展開．(a)漸近展開(3.26)を用いた場合の部分和の振る舞い．横軸，縦軸はそれぞれ部分和の実部，および虚部．渦の中心は真の値．(b)漸近展開(3.24)を用いた場合の部分和の振る舞い．真の値が渦の中心から外れる．(c) e^ζ に対する漸近展開を適当な係数を掛けて漸近展開(3.24)に加えた場合の部分和の振る舞い．真の値が渦の中心に入る．

なっているからである．そもそもエアリー関数 Ai(z) は図 3.3 に示した概形を見ればわかるように，$z \to \infty$ で単調に減衰している．したがって，正の実軸側に指数関数的に増大する漸近解が現れてはいけないはずである．正確な説明にはなっていないが，$e^{+\xi}$ が正の実軸側の漸近級数として現れないことはこれで納得することにする．

ここでひとまず，$e^{+\xi}$ が正の実軸側に現れないことは置いておいて，$\arg z$ を 0 から大きくするにつれて $e^{+\xi}$ と $e^{-\xi}$ との関係がどう変わるかを考えてみよう．ξ の定義よりただちに，ちょうど $\arg z = \pi/3$ のとき，減衰と増大の役割を替え，$e^{+\xi}$ が指数的減衰解，$e^{-\xi}$ のほうが今度は指数的増大解になることがわかる．さらに $\arg z$ を回すと今度は $\arg z = 2\pi/3$ になったとき，$e^{-\xi}$ と $e^{+\xi}$ の絶対値の差が最も大きくなり，$e^{-\xi}$ が $e^{+\xi}$ を指数的に凌駕する．

もういちど $\arg z = 3\pi/4$ での計算に戻ってみよう．$\arg z = 3\pi/4$ は，$\arg z = 2\pi/3$ よりさらに負の実軸に近づいた場所であった．そして，(3.26) の漸近級数は真の値をよく近似していたことを思い出すと，この領域では $e^{-\xi}$ の漸近級数だけではなく，実は $e^{+\xi}$ に対する漸近級数も必要だったのではないか，という推測が働く．ただし，$\arg z = 3\pi/4$ の位置は，$e^{-\xi}$ が $e^{+\xi}$ を指数的に凌駕する $\arg z = 2\pi/3$ の位置からそれほど離れておらず，依然として，$e^{+\xi}$ は $e^{-\xi}$ に対して指数関数的に小さいことは忘れてはならない．（実際，図 3.6(c) の横軸・縦軸のスケールを見てもわかるように，真の値が渦巻きの中心からずれているといってもその差は非常に小さい．）

仮にこの推測を認めるにしても，次なる疑問は，ただ単に足せばよいのか，それとも何か係数を掛けて足し合わせなければ

いけないのか，ということである．実はこの係数は，以下で述べる話のなかでひとつの重要な鍵を握っているものなのであるが，とりあえずここは答えをカンニングし推論の確認だけを済ませてしまうことにする．正しい係数を掛けた $e^{+\xi}$ の漸近級数を (3.24) に加え合わせたものが図 3.6(c) である．確かに級数の変動幅が最も小さい場所で真の値を予言するよう修正されることがわかる*.

気になるのは，(3.24) が $\arg z < \pi$ の領域での漸近展開であったことと辻褄が合っているのか，ということである．ここで注意したいのは，一般の漸近級数では，それが漸近級数だからといって，必ずしも級数の各項の絶対値の変動幅が最小になったところで真の値に最も近づくとは限らないことである**．したがって，渦巻きの中心に真の値がないことは漸近級数の定義と何ら矛盾するものではない．

もう少し積極的なことも言える．以下に示すように実は，漸近級数ではこういうことが起こってもまったく不思議はない．いま，関数 $f(z)$ が適当な数列 $\{a_n\}_{n \geq 0}$ を係数として漸近級数

$$f(z) \sim a_0 + \frac{a_1}{z} + \frac{a_2}{z^2} + \cdots \qquad (z \to \infty \text{ in } \arg z < \pi/2) \tag{3.27}$$

をもっていたとする．一方，任意の n に対して $z \to \infty$ で $z^n e^z = 0$ であるので

$$e^z \sim 0 + \frac{0}{z} + \frac{0}{z^2} + \cdots \qquad (z \to \infty \text{ in } \arg z < \pi/2) \tag{3.28}$$

---

* こういった現象は，ベッセル関数に対して，R. Balian, G. Parisi, and A. Voros, *Phys. Rev. Lett.*, **78** (1978) 1627 の中で最初に見出された．

** 漸近級数 (3.17) は，(3.19) のような評価があるのでその範疇には入らない．

である．これは，$f(z)$ に const.$\times \mathrm{e}^z$ を足したものはすべて同じ漸近級数(3.27)になることを意味する．つまり，指数関数の差しかもたない関数はすべて同じ漸近級数をもち，その差は漸近級数のレベルでは区別がつかない．漸近級数は指数関数的に小さいものを検知する解像度をもたないのである．

漸近級数のこのような性質がわかってくると，WKB近似において指数関数的に小さい反射係数やトンネル確率を扱うのは本来無理な相談だったこともわかってくる．発散級数である限り，いくら高次の項を取り込んだとしても，反射係数やトンネル確率など指数関数的に小さい量はすべてすり抜けてしまう．古典非許容領域でのトンネル減衰解がどのようにして転回点の左側に「接続」されるのか，1つしかなかった解がいつの間に2つの解に化けるのか，その理由を発散級数に求めるのはそもそもが筋違いだ，というわけである．

いや，そうは言っても教科書の定番問題ではトンネル確率がちゃんと出てきているではないか．転回点の両側で，それも十分よい精度で，さらには物理的な状況をもきちんと再現する解が得られているのだから何の文句があるのか．確かにそういう立場もあるかもしれない．「木に竹を接ぐ」のも，というか，むしろそれこそが物理の真骨頂である，とする向きもあるに違いない．

しかし，ここで挙げた例を含め楽観的な態度が許されるのは，予め何が起こるかがわかる場合に限られる．ここで考察したような例でも，そもそもWKB近似を使わなくとも，転回点近傍では厳密解もあるし，その両側で波動関数がどう振る舞うかもおおよそ見当がつく．「木に竹を接ぐ」態度も悪くはないが，原理がわからず対症療法ばかりでやり過ごしていると，困難な問

3.5 WKB 解析における漸近級数

題に遭遇したとき身動きが取れなくなる可能性がある．実際，WKB 解の接続の処方箋がわからず立ちゆかなくなっている物理の問題はたくさんあることは忘れてはならない．ユーザーの観点からも放っておいてよい問題ではない．

そして何よりも「量子と古典のつながり方」を追求してきた挙げ句の結論が，「量子力学は古典力学を継ぎはぎしたものである，しかしその継ぎはぎのルールはケースバイケースに決まる」というのではあまりに歯切れが悪い．2.2 節の議論で出てきた，量子力学と古典力学の対応が成り立つ条件(2.13)，(2.16)，(2.19)なども，結局のところいま問題になっている古典的転回点の近傍が問題であった．そのように見てくると，どうやら，転回点を越えて波動関数を接続することに量子と古典のつながりの核心部分が隠れているように思えてくる．

ちなみに，上で見た，1つしかなかった解がいつの間にか2つの解に化ける現象は，その発見者の名前に因んで**ストークス現象**と呼ばれる*．ストークス自身もこの問題と格闘した記録が残っているが，結局満足のいく答えを出すに至らなかった曰く付きの問題である**．その後も数々の人を悩ませ続け関連する論文は数え切れないが，光明が見え始めたのは実は最近のことである．

---

* 漸近解析の理論は，当然その歴史は量子力学より古く，ストークス現象の発見も 1850 年代にさかのぼる．

** ストークスは，指数関数的に小さい項が指数関数的に大きい項の陰から現れる様を以下のように記している． "... the inferior term enters as it were into a mist, is hidden for a little from view, and comes out with its coefficient changed. The range during which the inferior term remains in mist decreases indefinitely as the [asymptotic paramer] increases indefinitely." J. Larmor (ed.), Sir George Gabriel Stokes: Memoir and Scientific Correspondence (Cambridge University Press, 1907) Vol.1, p.62.

■3.6 ボレル総和法とストークス現象

その発見以来，100年の長きにわたって続いた膠着状況に新たな展開があったのは，1980年代になってから，主としてフランスを中心としたヨーロッパ，日本，そしてアメリカの数学者，数理物理学者らの手によってであった．そもそも収束しない級数を研究の対象とすることは，おそらく数学者に数学者をやめろ，と言うに等しく，その歴史の長さにもかかわらず漸近解析がなかなか数学の正当に合流しなかったのは，無限を厳密に扱うことをその出発点に置く解析学とあまりに相性が悪かったからであろう．しかし，実際に彼らが構築し，そしてまた現在も引き続き発展させつつあるものは，いわば発散級数の解析学とも呼ぶべきものである．

ここでは「量子と古典のつながり方」という点に関して，新しい漸近解析の理論がどのような視点をわれわれに提供してくれるのか，ついでにできるだけ途中で蒔いた種を刈り取りながら，その基本的な流れを眺めてみたい．

問題を困難にしている最大のポイントは，なんといってもWKB解析のなかに現れる漸近級数が収束しないことであった．収束しない級数を相手にしている限りは，どうしても靴の上から痒いところを掻くようなもどかしさが残る．

収束しない級数，発散級数はつくろうと思えば簡単につくることができる．それらをそのままにしておくのではなく，項を並び替えるなり，何らかの変換を施すなりすることにより級数を収束させる工夫は古くから考えられてきた．そのような方法は一般に**総和法**と呼ばれる＊．総和法にはさまざまな種類のもの

が知られているが，WKB 解析と最も相性がよいのは「ボレル総和法」である．一般的な定義を述べ，さらに例に則して何がこの方法からわかるか説明してみよう．

いま係数 $\{a_n\}_{n\geq 0}$ をもつような形式べき級数

$$\tilde{f}(z) = \sum_{n=0}^{\infty} \frac{a_n}{z^{n+1}} \tag{3.29}$$

を考える．先に挙げた例(3.17)で言うと $a_n=(-1)^n n!$ である．この場合，各項の分子にある $n!$ の増大度は分母の z^n の増大度を凌駕することから，いかに $|z|$ が大きくても級数は収束しない．このことは既に述べた通りである．ここで，この形式べき級数から

$$f_B(\zeta) = \sum_{n=0}^{\infty} \frac{a_n}{n!}\zeta^n \tag{3.30}$$

なる級数をつくる．$f_B(\zeta)$ は $\tilde{f}(z)$ の**ボレル変換**と呼ばれる．いま，係数 a_n の増大度が $|a_n|\leq An!C^n$ 程度(A, C は適当な正数)で抑えられるものであれば，$|\zeta|<C^{-1}$ を満たす ζ の領域では $f_B(\zeta)$ が収束することがわかる．さらに，$f_B(\zeta)$ が ζ 平面上の正の実軸を含む領域に解析接続され，また，十分大きな z に対して

$$f(z) = \int_0^{\infty} \exp(-z\zeta) f_B(\zeta) \mathrm{d}\zeta \tag{3.31}$$

が有限確定値をもつとき，$f(z)$ を $\tilde{f}(z)$ の**ボレル和**という．

関数 $\dfrac{\zeta^n}{n!}$ のラプラス変換が

$$\int_0^{\infty} \frac{\zeta^n}{n!} \mathrm{e}^{-z\zeta} \mathrm{d}\zeta = z^{-n-1}$$

---

*　種々の総和法に関しては，たとえば江沢洋『漸近解析』(岩波講座 応用数学[方法 5])，1995 参照のこと．

となることを思い出すと，以上の手続きは形式的に $\tilde{f}(z) \to f_B(\zeta)$ で**逆ラプラス変換**(ボレル変換)を行い，$f_B(\zeta) \to f(z)$ は，それにさらにラプラス変換を施していることがわかる．つまり，**ボレル総和法**とは，まず，そのままでは収束しない形式べき級数 $\tilde{f}(z)$ をボレル変換することで収束させ($n!$ で各係数を割っているので発散の程度が抑えられる)，さらにそれをラプラス変換でもとに戻すことによって，$\tilde{f}(z)$ を漸近級数にもつような解析関数 $f(z)$ を作る操作のことである．

形式べき級数(3.17)の場合でいうと，そのボレル変換は

$$f_B(\zeta) = \sum_{n=0}^{\infty} (-1)^n \zeta^n = \frac{1}{1+\zeta} \qquad (3.32)$$

であるから，ボレル和は

$$f(z) = \int_0^\infty \frac{e^{-z\zeta}}{1+\zeta} d\zeta \qquad (3.33)$$

となって「形の上では」もともとの積分(3.16)に戻っていることがわかる．しかし，ボレル和を通して得られた(3.33)はまだこの段階では，$|\arg z| \leq \frac{\pi}{2}$ の領域でしかその解析性が保証されていないことに注意してほしい．

さて，この例のボレル変換 $f_B(\zeta)$ は，ζ 面の実軸上だけでなく広く解析接続することができる．一般の場合についても，ボレル和を定める積分(3.33)の積分路の方向を徐々に傾けていき，その積分路上に $f_B(\zeta)$ の特異点が乗らない限り

$$f(z) = \int_0^{\infty e^{i\theta}} \exp(-z\zeta) f_B(\zeta) d\zeta \qquad (3.34)$$

により $f(z)$ を解析接続することができる*．解析接続に対応して，漸近展開 $f(z) \sim \tilde{f}(z)$ $(z \to \infty)$ が成り立つ領域も広がる．

再び例題に戻って考える．この場合，ボレル変換 $f_B(\zeta) = \dfrac{1}{\zeta+1}$

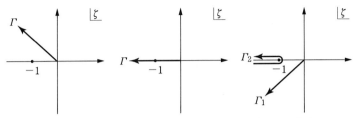

図 3.7 特異点 $\zeta=-1$ を迂回する積分路 Γ_2 を加えると，積分の形をそのままにしながら $\theta=+\pi$ を越えて解析接続を続けることができる．

は $\zeta=-1$ に特異点をもつ．そのためたとえば，θ を正の方向に回転する場合，$\theta=+\pi-\delta$ まではそのまま積分路を回転することができるが，$\theta=+\pi$ を越えようとすると特異点が積分路上を横切ってしまう．しかし図 3.7 にあるように，特異点 $\zeta=-1$ を迂回する積分路 Γ_2 を加えると，積分の形をそのままにしながら $\theta=+\pi$ を越えて解析接続を続けることができる．

ただし，その代わりに $\theta=+\pi$ を越えたところでは，積分路 Γ からくる余分な積分がついて

$$f(z) = \int_0^{\infty e^{i\theta}} \frac{e^{-z\zeta}}{1+\zeta}d\zeta + \int_\Gamma \frac{e^{-z\zeta}}{1+\zeta}d\zeta$$

という形になる．余分な項は留数定理をつかって具体的に $2\pi i e^z$ となることがわかるので，結局，θ が π を通過することによって

$$\int_0^{\infty e^{i\theta-\delta}} \frac{e^{-z\zeta}}{1+\zeta}d\zeta \;\;\rightarrow\;\; \int_0^{\infty e^{i\theta+\delta}} \frac{e^{-z\zeta}}{1+\zeta}d\zeta + 2\pi i e^z \quad (3.35)$$

なる変化を起こすことになる．これを漸近展開のレベルで考えると，$\theta=+\pi$ を横切る前後で第一項は引き続き(3.17)という形の漸近展開をもつが，$\theta=+\pi$ を横切ることで新たに第二項の z

---

＊ ボレル和を定めるラプラス積分(3.34)の積分路を θ 回転することは z 面での領域を $-\theta$ 回転することに相当する．

に関して指数関数的に小さい項が加わったことになる．先に述べたように，漸近級数(3.17)は指数関数的に小さい項を検知することができない．しかしこの例のように，ボレル和を介して発散級数に解析的な意味づけを与えることによって，指数関数的に小さい項が生まれる理由，およびその出所の正確な把握が可能になる．$\theta=+\pi-\delta$ から $\theta=+\pi+\delta$ に動かした際に起こるこの不連続な変化がストークス現象の正体である．そして，ストークス現象は，新たに加わる指数的に小さい項が「最も指数的に小さい」ときに起こることもこの例は教えてくれる．

だいぶ物理の問題から離れてしまったが，ここで「量子と古典のつながり方」を考える上で大事な点をひとつ指摘しておきたい．ボレル和を与えるラプラス積分の形が変わる，また，それに応じてその漸近展開の形が不連続に変わるのは，何よりもボレル変換が特異点をもつことによってであった．逆に，ボレル変換が特異点をもつことなく複素面全体で解析的な関数であれば，ラプラス積分は形を変えることなくどこまでも解析接続を続けることができる．そして実は，このとき得られる漸近級数は発散することがない．逆に言うと，漸近級数が発散してしまうのは，ボレル変換に特異点が存在するからだ，ということになる*．では，この特異点は，物理の言葉にはどう翻訳されるのだろうか．もう一度，WKB 解析の接続問題に戻ってこの問題を考えることにしたい．

---

* 上記の例に対するその証明は，高崎金久「漸近展開——収束半径 0 の解析学」数理科学特集『0 と ∞』No.356, pp.15-19 (サイエンス社, 1993 年 4 月)にある．

■3.7 接続問題再考

先に出てきた WKB 解にボレル総和法を用いた以上の議論を適用してみる*.WKB 解の形式級数は波動関数の肩を $\hbar$ に関するべき級数で表したものをシュレーディンガー方程式に代入することで得られる.通常は $\mathcal{O}(\hbar)$ までの項で止めたものを近似解として用いるが,S_j に対する漸化式を順次解いていれば,原理的にはいくらでも $\hbar$ の次数を上げることができる.このことは 3.3 節で説明した.得られた $\hbar$ に関する級数は漸近級数になるので,ボレル総和法を適用するのは自然である.

まず,$S(x)$ の展開(3.14)をその奇数次と偶数次とに分け

$$S_{\mathrm{odd}} = \sum_{n\geq 0} S_{2n-1}\eta^{1-2n}, \qquad S_{\mathrm{even}} = \sum_{n\geq 0} S_{2n}\eta^{-2n} \quad (3.36)$$

と表す.$S(x)$ に対する(3.15)を用いると

$$S_{\mathrm{odd}} = -\frac{1}{2}\frac{\mathrm{d}}{\mathrm{d}x}\log S_{\mathrm{even}} \quad (3.37)$$

と表されることから,WKB 解は η の展開のフルオーダーで

$$\psi_\pm^{\mathrm{WKB}}(x) = \frac{1}{\sqrt{S_{\mathrm{odd}}^\pm(x)}}\exp\left[\int_{x_0}^x S_{\mathrm{odd}}^\pm(x')\mathrm{d}x'\right] \quad (3.38)$$

と表すことができる.先ほどの(3.14)はその最低次だけを取ったものであった.

この WKB 解 $\psi_\pm^{\mathrm{WKB}}(x)$ に対して,上で説明したボレル和を実行したい.この場合にも,3.3 節で調べた線形ポテンシャル問

---

* 河合隆裕,竹井義次『特異摂動の代数解析学』,岩波書店,1998.

題が最も単純なモデルになっている．先ほどと同じように，古典的転回点が $x=0$ にある場合を考え，$Q(x)=x$ となるようにエネルギーを選べばさらに見通しがよい．

まず，展開の最初の項を別にし，残った指数関数の部分を η に関してテイラー展開する．

$$\psi_\pm^{\mathrm{WKB}}(x) = \frac{1}{\sqrt{S_{\mathrm{odd}}^\pm(x)}} \exp(\pm\xi\eta)$$
$$\times \exp\left[\pm \int_0^x (S_0 + S_1\eta^{-1} + S_2\eta^{-2} + \cdots)\mathrm{d}x'\right]$$
$$= \exp(\pm\xi\eta) \sum_{n=0}^\infty b_n^\pm(x)\eta^{-n-1/2} \qquad (3.39)$$

とする．特に，WKB 解を与える積分の下端を転回点 ($x=0$) に取ることに注意したい．また，$\xi = \frac{2}{3}x^{3/2}$ はエアリー関数の漸近展開(3.24)の際に出てきた変数 ξ と同じものである．展開の係数 $b_n^\pm(x)$ は漸化式を用いて逐次求めることが可能であるが，ここでの議論には特に使わないので明示しないことにする．容易に想像がつくように，この形式べき級数は，エアリー関数の漸近展開(3.24)と本質的に同じものである．η のべきにある $-1/2$ は，$1/\sqrt{S_{\mathrm{odd}}^\pm(x)}$ の因子からくるものである．

べき級数で表された WKB 解(3.39)のボレル変換は

$$\psi_{\pm,B}^{\mathrm{WKB}}(y) = \sum_{n=0}^\infty \frac{b_n^\pm(x)}{\Gamma(n+1/2)}(y\pm\xi)^{n-1/2} \qquad (3.40)$$

で与えられる．さらにボレル和は

$$\psi_\pm^{\mathrm{WKB}}(x) = \int_{\mp\xi}^\infty \exp(-\eta y)\psi_{\pm,B}^{\mathrm{WKB}}(y)\mathrm{d}y \qquad (3.41)$$

と書かれる*．ボレル和される前と同じ $\psi_\pm^{\mathrm{WKB}}(x)$ を使ったが以後，混乱の恐れがない限り，$\psi_\pm^{\mathrm{WKB}}(x)$ と表記されたものはボレ

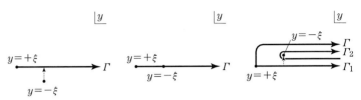

図 3.8　x を動かすと特異点 $y=+\xi$ から伸びる積分路上に他方の特異点 $y=-\xi$ が横切る.

ル和されたものを表すことにする.

　さて，先の例で問題になったのはボレル変換の特異点であった．いまの場合，ボレル変換の変数は y であることに注意して(3.40)の右辺の形を見ると，ボレル変換 $\psi_{\pm,B}^{\mathrm{WKB}}(y)$ が $y=\pm\xi$ に特異点をもつことが予想される．実際，ボレル変換 $\psi_{\pm,B}^{\mathrm{WKB}}(y)$ は，いまの $Q(x)=x$ の場合に関しては，**超幾何関数**を用いて具体的に書き下すことができ，それを用いてその特異点が $y=\pm\xi$ にあることを具体的に確かめることができる．

　前節の例とやや異なるのは，いまの場合，ボレル和を定める積分の端点 $y=\mp\xi$ がそれぞれボレル変換の特異点になっており，x を動かすことによる解析接続(先の例では，z もしくは θ を動かして解析接続する)を考える際に，両方の端点が y 平面(ボレル面とも呼ばれる)を同時に動くことである．しかし，一方のWKB解のボレル和を定める積分路上を他方の特異点が横切る際，先の例と同じように積分路の変更に伴う新たな項が生まれる．その事情はまったく変わるところがない．

　図 3.8 に例示するように，x を動かすと特異点 $y=+\xi$ から伸びる積分路上に他方の特異点 $y=-\xi$ が横切る．このとき，ボレ

＊　ここで用いたボレル変換は，上で定義した(3.29)〜(3.31)を，より一般に，$\tilde{f}(z)=\exp(\zeta_0 z)\sum_{n=0}^{\infty}a_n/z^{n+\alpha}$ に対して適用したものである．

ル和 $\psi_+^{\mathrm{WKB}}(x)$ を定める積分路は新たな積分路 Γ_2 を獲得するが，これは，特異点 $y=-\xi$ から伸びる，他方のボレル和 $\psi_-^{\mathrm{WKB}}(x)$ を定める積分路に他ならない．その結果，この前後で

$$\psi_+^{\mathrm{WKB}}(x) \rightarrow \psi_+^{\mathrm{WKB}}(x) + \beta\psi_-^{\mathrm{WKB}}(x) \qquad (3.42)$$

なるストークス現象を起こすことになる．そして，このとき展開の主要部を見ればわかるように，$\psi_+^{\mathrm{WKB}}(x)$ は $\psi_-^{\mathrm{WKB}}(x)$ を指数関数的に最も凌駕する．この事情も先の例と同じである．

ストークス現象を起こしたときに指数関数的に小さい項の前につく係数——β と書いたもの——は一般に**ストークス係数**と呼ばれる．いまの場合は，ボレル和が超幾何関数を用いた陽な表式をもつことを使って $\beta=\mathrm{i}$ となることが知られている．3.5 節において，エアリー関数の漸近展開の $\theta=3\pi/4$ におけるズレが指数関数的に小さい $\psi_-^{\mathrm{WKB}}(x)$ を加えることで補正される様子を見たが，その際に乗じた係数の種明かしは，ストークス係数 $\beta=\mathrm{i}$ だったというわけである．

一方のボレル和を定める積分路上を，他のボレル変換の特異点が横切るのは

$$\mathrm{Im}\,\xi = \mathrm{Im}\,\frac{2}{3}x^{3/2} = 0 \qquad (3.43)$$

なる条件から決まる．したがって，上で見た $\arg x=2\pi/3$ 以外にも，$\arg x=4\pi/3$，$\arg x=2\pi$ となったときにも同じことが起きる（ただし，指数関数的に優越する方はそのたび入れ替わることに注意）．いま，古典的転回点は $Q(x)=0$ で与えられる点であり，その点を積分下端として取り，$\xi=\int_0^x \sqrt{Q(x)}\mathrm{d}x$ であったことを思い出すと，ストークス現象が起こる条件は

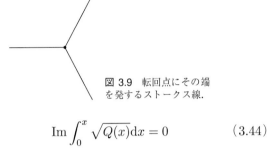

図 3.9 転回点にその端を発するストークス線.

$$\mathrm{Im}\int_0^x \sqrt{Q(x)}\mathrm{d}x = 0 \qquad (3.44)$$

とも表される.転回点の定義より,この条件を満足するのは転回点にその端を発する x 面上の曲線である.ストークス現象の起こるこの曲線は**ストークス線**と呼ばれる(図 3.9 参照).

■3.8 完全 WKB 解析の考え方

この辺りまで来ると,ボレル総和法に依拠した WKB 解析が「**完全 WKB 解析**(exact WKB analysis)」と呼ばれる所以もおわかりいただけるかと思う.上でみた接続ルール(3.42)はエアリー関数に関するものであった.しかし実は,線形ポテンシャルと局所的に同じ性質をもつポテンシャルでは[*],エアリー関数の場合同様,そのストークス線は転回点から 3 本は出る.さらに,各ストークス線上での接続ルールはエアリー関数のそれと同じ形のものが従うことが厳密に証明される[**].

重要なことは,この処方箋は線形のポテンシャル問題のみな

---

[*] 正確には,$Q(0)=0$ なる転回点 $x=0$ が,$(\mathrm{d}Q(x)/\mathrm{d}x)(0) \neq 0$ を満たす場合.

[**] A. Voros, *Ann. Inst. Henri Poincaré, Sect. A*, **39** (1983) 211; A. Aoki, T. Kawai, and Y. Takei, ICM-90 Satellite Conf. Proc. "Special Functions", Springer-Verlag (1991) 1.

らず，転回点を複数個もつ一般のポテンシャル問題にも適用可能なことである．転回点が複数個存在する場合でも，一般には各転回点から 3 本のストークス線が出る事情は変わらず，転回点が増えるに従ってストークス線の数が増える．そしてそれらすべてのストークス線から成る，ストークス線のグラフが接続のルールを司る．

完全 WKB 解析とは，領域全体での WKB 解の構成の問題を，(1) ストークス現象が起こる局所的な接続ルールと，(2) ストークス線のグラフが担う大域的な情報，の 2 つの問題に分離し，前者については先に述べたエアリー関数などの局所的接続ルール，後者に関してはストークスグラフの幾何学，すなわち**ストークス幾何**を考察することで処理する，というものである．

この考え方は，何も量子力学の WKB 解構成に限らず，大きな変数 (いまの場合の η) をもつ微分方程式の大域解を構成する方法として広く応用されるものである．著しい成果のひとつとして，2 階フックス型の微分方程式 (特異点としてたかだか確定特異点しかもたないような微分方程式) のモノドロミー群 (大域解を構成するのに必要かつ十分な情報) が，従来から知られる確定特異点に関する特性指数と，ストークス幾何から得られる情報によって完全に決定されることが明らかになったことなどが挙げられる．

さらに，その構成法からも明らかなように，完全 WKB 解析の適用範囲が 2 階の微分方程式だけ限られる理由は何もない．実際，これまでほとんど手つかずに等しかった，3 階以上の微分方程式に対しても完全 WKB 解析は自然に拡張されることがわかってきた．ここまで来ると，数学的な背景の説明なしにその具体的内容を述べることは難しいためこれ以上の深入りはし

ない．従来のWKB法ではどうしても手の届かなかった重要な物理の問題*がその射程内に入ったことの意義だけは強調しておきたい．

■3.9 鞍点法とWKB解の発散

以上の議論を再び物理の問題に引き戻して，「古典と量子の間」の問題のなかでのその意味を考えたい．完全WKB解析は，ボレル総和法を介して発散するWKB解に解析的な意味づけを与える．このことを足がかりとして，長きにわたって曖昧なままであった漸近解の不連続な変化，すなわちストークス現象の起源を厳密なレベルで理解することが可能になった．そして既に強調したように，その鍵を握るのはボレル変換の特異点の構造である．正確には**ボレル変換のリーマン面の構造**，ということになる．

3.6節で述べたように，漸近展開が発散するのはボレル変換に特異点が存在するからであった．3.7節のケースでは，2つの特異点が互いに互いの特異点となっていた．つまり，それぞれの漸近展開が収束しない理由は，一方が他方のボレル変換の特異点となって「邪魔」をしているからである．そして，それらの情報はすべてはボレル変換のリーマン面のなかに格納されている．ボレル和されたものを量子力学とみなすならば，古典作用を特異点としてもつボレル変換は古典力学を体現したものである．両者がラプラス変換・逆変換の関係で結ばれることを認めるとするならば，「量子力学は古典力学を内包する」という言い

---

* たとえば，多準位の非断熱遷移の問題など．

方はもはや適当ではない.「量子力学と古典力学は等価である」そう言わなければならないことになる.

発散級数もただ発散するのではなくそれなりに意味をもつ.量子と古典の間にかかった霧は実は発散する級数をよくよく睨むことで次第に晴れてくる.別の方角からもそのことを知ることができる.再び,エアリー関数の漸近展開(3.21)を思い出してみよう.一般にこういった漸近展開を導くのにはいく通りかの方法が知られているが,ここでは「**最急降下線の方法(鞍点法)**」を中心に話を進めることにしよう.**最急降下線の方法**とは,経路 $\mathcal{C}$ に沿った以下の形をした積分*

$$f(z) = \int_{\mathcal{C}} e^{-zp(t)} q(t) dt \qquad (3.45)$$

に対して,積分経路 $\mathcal{C}$ を t 面上の「鞍点」すなわち,$dp(t)/dt=0$ を満たす点を通る最急降下線に変形することによってその積分を評価する方法である**.最急降下線とは,鞍点近傍で $|p(t)|$ が最も速く減少する方向に走る,$\mathrm{Im}\, p(t)=$ 一定線のことである.より詳しくは,まず積分(3.45)を各鞍点 t_j を通る最急降下線 $\mathcal{C}_j$ に関する積分

$$\int_{\mathcal{C}} e^{-zp(t)} q(t) dt = \int_{\mathcal{C}_1} e^{-zp(t)} q(t) dt + \int_{\mathcal{C}_2} e^{-zp(t)} q(t) dt + \cdots \qquad (3.46)$$

に分解し,さらに,$p(t)$ および $q(t)$ を鞍点の周りでテイラー展開した上で,得られた各項に対する積分を逐次実行することによって計算されるものである.実際には $p(t)$ を t の2次まで展

---

* 話を簡単にするため,経路 $\mathcal{C}$ は無限遠のある方向に発し,他の無限遠方向に流れるものとする.

** 経路の変形途上の複素 t 面上に,$p(t), q(t)$ の特異点はないとする.

開して，積分の経路が実軸に沿ったガウス積分によって積分の近似値を評価することが多い．2.5節で用いた定常位相近似と同じ精神である．統計力学の分配関数の計算など，その簡便さから物理でも頻繁に用いられる積分評価法のひとつである．

3.5節で詳しくみたエアリー関数 Ai(z) の場合に鞍点法がどのように適用されるか見てみよう．(3.22)では，指数の肩が $-zp(t)$ ではなく

$$p(t,z) = \frac{1}{3}t^3 - zt$$

の形をしているが，これは適当な変数変換によって(3.45)の形になるので，この形のまま話を進める．まず，鞍点条件 $\partial p(t,z)/\partial z$ =0 から，2つの鞍点 $t_\pm = \pm\sqrt{z}$ が求まる．さらに，それぞれの鞍点に対して，それらを通る2つの最急降下線 $\mathcal{C}_\pm$ が決まる．問題はここからである．いま，話を複素領域の中で考えているので，鞍点はどのような z に対しても常に2つ存在する．しかし，以下でみるように，$\mathcal{C}$ を変形した積分路がいつでも両方の鞍点を通る最急降下線になるとは限らない．どういうことだろうか．

具体的に，変数 z が複素面上を動いたときに，2つの鞍点がどのように動き，また，それらを通る最急降下線がどのように変形するのか，その様子を図3.10を見ながら説明しよう．もともとのエアリー積分(3.22)の積分路 $\mathcal{C}$ はそれぞれ $(-\pi/3)\infty$ と $(\pi/3)\infty$ を結ぶ曲線であった．まず，z の偏角が $0 \leq \arg z < 2\pi/3$ にあるときを見ると(図の z_1, z_2, z_3)，右側の鞍点を通る最急降下線が $(-\pi/3)\infty$ と $(\pi/3)\infty$ を結ぶ曲線になっているのに対し，もう一方の鞍点の最急降下線は $(-2\pi/3)\infty$ と $(2\pi/3)\infty$ を結んでいる．したがって，もともとの積分路から変形されて得られる最急降下線は前者のものだけになるはずである．それに対し，

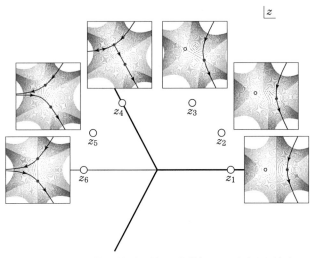

図 3.10 エアリ関数の最急降下線の切り替えの図. 中心から延びる 3 本の実太直線はストークス線. z の偏角が変化するにつれて $p(z,t)$ の等高線($\mathrm{Re}\, p(z,t)=$一定線)がどう変形していくかを追跡したもの. 各等高線図内の丸印は $p(z,t)$ の鞍点. 実線は各鞍点を通る最急降下線.

$2\pi/3 < \arg z$ では(図の z_5, z_6),いずれの鞍点の最急降下線も直接 $(-\pi/3)\infty$ と $(\pi/3)\infty$ を結ぶことはない.しかし,両方の最急降下線をつなぎ合わせることにより,$(-\pi/3)\infty$ から $(\pi/3)\infty$ への経路をつくることができる.したがって,$0 \leq \arg z < 2\pi/3$ では,右側の鞍点を通る最急降下線に対する積分だけが寄与し,$2\pi/3 < \arg z$ では,両方の最急降下線を積分路とする積分が共に寄与する.その結果,$\arg z = 2\pi/3$ を境にして積分に寄与する鞍点の数が変化することになる.

3.5 節で考察した,$\arg z = 2\pi/3$ を越えた場所での漸近展開への補正は,新たに加わった積分路からの寄与であることはご想像の通りである.また,$\arg z = 2\pi/3$ の直上では(図の z_4),片

方の鞍点の最急降下線が他方の鞍点をヒットする.先に見たように,$\arg z = 2\pi/3$ はストークス現象が起こる瞬間である.このように,最初から積分表示が与えられている場合には,ストークス現象を最急降下線の切り替えとして理解することができることになる.

ここで再度,漸近展開が発散する意味を考えてみよう.各鞍点の周りで得られる漸近展開の主要部のみを取ることは,(3.46)の右辺の和をガウス積分で近似するということは,2つの鞍点,すなわち2つの古典軌道を独立とみなすことに等しい.2.5節の最後に記した模範解答を思い出して欲しい.一方,前節最後に述べたことを思い出すと,一方の鞍点の周りの漸近級数が収束しない理由は他ならぬ他方の鞍点が存在するからであった.このことは,展開の高次の項の中に「何らかの意味で」2つの古典軌道が独立でないことの情報が隠れていることを意味する.

発散する級数の中に隠れる古典軌道間の「相関」,それはどうやって取り出せばよいのだろうか.それを具体的に見るために,積分(3.45)をもう一度考える.いま,$p(t)$ が ν 個の鞍点 $t_1, t_2, \cdots t_\nu$ をもっているとする.そして鞍点 t_1 についての $|z| \to \infty$ での漸近展開を

$$f^{(1)}(z) = \frac{\exp\{-zp(t_1)\}}{\sqrt{z}} a^{(1)}(z, N) + R^{(1)}(z, N) \quad (3.47)$$

と表す.ただし

$$a^{(1)}(z, N) = \sum_{n=0}^{N-1} \frac{a_n^{(1)}}{z^n} \quad (3.48)$$

である.ここで,$a_n^{(1)}$ は鞍点 t_1 に対する漸近展開の係数で,$R^{(1)}(z, N)$ は展開を N 次で止めたときの剰余項である.漸近

展開であるので,$|z|\to\infty$ とともに $|R^{(1)}(z,N)|\to 0$ となるが,さらに,ベリーとハウルズはその剰余項が以下のように,他の鞍点 $t_2,\cdots,t_\nu$ に対する展開 $a^{(2)}(z),\cdots,a^{(\nu)}(z)$ を用いて

$$R^{(1)}(z,N) = \frac{1}{2\pi i}\sum_{j=2}^{\nu}\frac{1}{(zF_{1j})^N}\int_0^\infty dv\frac{v^{N-1}e^{-v}}{1-v/zF_{1j}}a^{(j)}\left(\frac{v}{F_{1j}},N\right) \quad (3.49)$$

と書き表せることを見出した*.ここで,$F_{1j}=p(t_j)-p(t_1)$ である.つまり,ある鞍点の周りの漸近展開によって出てくる剰余項は,他の鞍点の周りの漸近展開を用いて書き表される.さらに,剰余項の中に含まれる展開 $a^{(2)}(z,N),\cdots,a^{(\nu)}(z,N)$ はそれら自身も剰余項をもち,さらにそれらが他の漸近展開で表され,そしてさらに…といった,漸近展開の入れ子状の構造が導かれる.このような「漸近展開の漸近展開」のことを彼らは**超漸近展開**と呼んだ.

「古典と量子の間」の問題として解釈すると以下のようなことになる.鞍点,すなわち古典軌道の周りで展開を行うと,その展開は他の古典軌道が存在するが故に発散する.しかし,それはただ闇雲に発散するのではなく,その発散を引き起こす原因となっている他の古典軌道の情報をその展開の剰余項のなかに残しつつ発散する.古典軌道どうしが発散級数の裾を介して互いに関係し合っている,そういう描像がここからは出てくる.

線形ポテンシャルの接続問題には,古典的許容領域に2つの進行波解と,古典的非許容領域に1つの減衰トンネル解が出て

---

* M.V. Berry and C. Howls, *Proc. R. Soc. London*, **435** (1991) 657.

きた．それらは領域全体で波としての辻褄を合わせるために必然的にそうなっているのであって，それぞれが他方の領域にお構いなしに勝手に現れたものではない．通常の教科書に出てくるWKB近似の解説では，本来，領域全体で整合していなければいけない波動現象（＝量子力学）が，どのようにして局所的な情報（＝古典力学）から再現されるか，「古典力学から量子力学にすり替わる」最も大事な部分が抜け落ちていることになる．WKB近似を好きになる人が増えないのもやむを得ないかもしれない．

4
絡み合う特異極限

　前章では，特異極限の観点から古典力学と量子力学との関係を考えてきた．特に，1自由度系にその対象を絞って特異極限の意味について少し詳しく考察してみた．ところで，第1章の最後で述べたように，系が多自由度になると古典力学では解けない系が現れる．というか，そこでははっきり述べなかったが，実はほとんどすべての系の運動方程式は解くことができない．解けない古典力学系の特徴は，時間軸，あるいは系の摂動パラメータなどに関して特異的な性質をもつことにある．本章では，特異極限で向かった先が特異的に振る舞う場合，果たして事態はどうなるのか，非可積分系の「古典と量子の間」にある問題を概観してみたい．

■4.1　ナビエ–ストークス方程式とシュレーディンガー方程式

　3.1節の最後に，物理の中で特異極限が問題になるもうひとつの代表例として，流体力学のナビエ–ストークス方程式と完全流体を記述するオイラー方程式との関係を挙げた．ナビエ–ストークス方程式は，乱流をはじめ粘性をもつ流体を広く記述する方

程式であるのに対して，**オイラー方程式**は，完全流体と呼ばれる理想的な流体を対象にする．**完全流体**は，粘性がなく接線（剪断）応力のはたらかない，ある意味で特殊な流体であり，超流動現象などの特別な場合を除いて現実には存在しない．

しかし，完全流体を考える理論上の恩恵は少なくなく，比較的やさしい数学の道具を用いてその様子を詳しく解析することができることは，複雑な流体の運動を理解するには大きな助けとなる．完全流体のお陰で流体力学にハマった人もいるはずである．

ナビエ-ストークス方程式はレイノルズ数がゼロに近づくに従って完全流体に漸近する．一方，量子力学はプランク定数ゼロの極限で古典力学に漸近する．それぞれ特異極限をもつ点では共通するがその違いも大きい．そのひとつは，ナビエ-ストークス方程式が非線形な方程式であるのに対して，シュレーディンガー方程式は線形であることである．乱流をも記述するナビエ-ストークス方程式は，非線形方程式の代表格であるのに対し，同じ偏微分方程式と言えどシュレーディンガー方程式は何と言っても線形である．

一方，漸近した先はその反対の関係にある．もちろん，双方ともに漸近した先が非線形（古典力学は調和振動子など特殊な場合を除けば非線形）であることは言うまでもない．しかし，オイラー方程式については，複素関数論を駆使することにより解析可能な状況がたくさんあり，少なくともナビエ-ストークス方程式が対象とする一般の粘性流体の運動に比較すれば遙かに単純である．それに対し，量子力学が向かった先であるほとんどの古典運動方程式は解くことができない．特に，以下で問題にしたい「カオス」がその解のなかに含まれるような古典系は一筋

縄ではいかない．量子力学にカオスはあるか，という問いに対して，「シュレーディンガー方程式は線形なので量子力学にはカオスはない」という答えが返ってくることに両者の関係をみることができる．

漸近する先を，前章まで例に挙げてきた1自由度系から，多自由度，特に非可積分系にまで広げると，古典と量子の間にある問題はさらにその奥行きを増す．せっかく「特異極限」というキーワードでここまで話を進めてきたので，古典と量子の議論をする前に，多自由度の古典力学のいったいどこに特異性があるのか，その要点を説明したい．

■4.2 古典カオスのもつ特異性

一般に系が2自由度以上になると，古典力学は非可積分となりその位相空間にはカオスと呼ばれる不規則な運動が発生する．もちろん，多自由度系にも解ける系は存在する．1.3節で，ボーアの量子化条件を多自由度に拡張する話をしたが，この量子化条件が適用される系は多自由度であっても完全可積分であった．ハミルトニアンが(1.12)で与えられる作用積分 I_i ($1 \leq i \leq N$) のみの関数，すなわち

$$H_0(I_1, \cdots, I_N) \tag{4.1}$$

の形で書かれるような系は**完全可積分系**と呼ばれる．

1.3節でも少し触れたように，完全可積分系の解軌道は周期的，もしくはたかだか準周期的であり，位相空間上の軌道はトーラスに束縛される．図1.2右図に示したように，トーラス上の古典軌道は向かい合う辺どうしを同一視した矩形領域の上を「直

線運動」する.直線運動とは,時間の正・負いずれの方向についても完全に一様な運動のことである.可積分系には動力学がない,と言っては怒られるかもしれないが.その特異性は仮に出てきたとしてもおとなしいものである*.

それに対して,完全可積分なハミルトニアンに摂動が入った系

$$H(I_1,\cdots,I_N,\theta_1,\cdots,\theta_N)$$
$$= H_0(I_1,\cdots,I_N)+\lambda H_1(I_1,\cdots,I_N,\theta_1,\cdots,\theta_N) \quad (4.2)$$

を考えると,これはたいていの場合非可積分になる.非可積分になるとカオスが現れる,とすぐ言いたいところだが,実はここには少し微妙な,そしていまの話の中で大事な問題が潜んでいる.この点はもう一度あとで戻ってくることにして,とりあえずはカオスが発生するものとして話を先に進めよう.

カオスのもつ特異性を際だたせるために,少し寄り道になるが,まずはカオスとは何かについて説明したい.ただし,必要なエッセンスだけに絞ってできるだけ速やかに本題に戻ってくるつもりである.そのためにもモデルをなるべく単純なものに限るべきであるが,ハミルトニアンのない抽象的なモデルに突如飛躍するのは,いくらカオスが広く知られるようになったからといっても気が引ける.

そこで,まずは簡単な振り子の問題

$$H(x,p,t) = \frac{1}{2m\ell^2}p^2-mg\ell\cos x \quad (4.3)$$

から始めて駆け足で肝心のところに向かうことにする.カオスの話に詳しい人は飛ばして先に行っていただきたい.

---

* たとえば,1.2 節で例に出た,ポテンシャルが(1.5)で与えられる非調和振動子は楕円関数を使って解くことができるがその解は複素時間面上に高々極しかもたない.

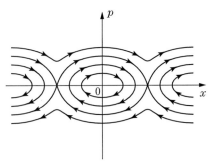

図 4.1 単振り子の位相空間上の軌道.

振り子の位相空間上の軌道は全エネルギーを固定するごとに1次元の曲線を描く（図 4.1 参照）．原点の周りの閉曲線たちは，振り子が平衡点の周りで振動している状態を表し，外側を流れる曲線群は，固定点を中心として振り子が回転している状態を示す．振動状態と回転状態を表す曲線の境目，ちょうど不安定な平衡点を通る曲線は**セパラトリックス**と呼ばれる．さらに，不安定な平衡点に漸近するような位相空間上の曲線は**安定多様体**，離れていくような曲線は**不安定多様体**と呼ばれる．

ここに時間に対して周期的な変動を加えてみる．たとえば，ハミルトニアンとして

$$H(x,p) = \frac{1}{2m\ell^2}p^2 - mg(\ell\cos\omega t)\cos x \qquad (4.4)$$

のようなものを考えるのがわかりやすい．振り子の長さが周期的に変化するようなモデルである．ハミルトニアンが時間に陽に依存すると，系の全エネルギーは保存しないため，位相空間を図 4.1 のような一枚の図に描くことはもはやできない．しかしこのモデルのように，変動が時間に対して周期的であれば，変動の周期ごとに位相空間を観測することによってその定性的様

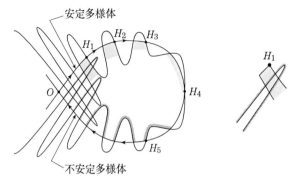

図 4.2 時間変動が加わった系における安定多様体と不安定多様体との交差の様子(模式図). $H_1, H_2, \cdots$ はホモクリニック点. 右図は,初期領域と時間発展して変形された領域とが重なる部分のところを拡大したもの. 時間発展してきた領域は馬蹄の形をしているのがわかる.

子をつかむことができる.力学系理論で**ポアンカレ写像**と呼ばれているものである.

時間変動のない1自由度の振り子と,時間変動のある振り子との違いは以下である.時間変動のない場合には図 4.1 で見たように,2つの不安定な平衡点のあいだで,安定多様体と不安定多様体とが滑らかにつながっている.一方,時間変動のある系では,図 4.2 に示すように,一般には安定多様体と不安定多様体とが交差を起こす(図 4.1 の位相空間上では,その軌跡は連続的な曲線になるが,図 4.2 は時間に対して周期的に見た位相空間であるため,軌道は離散的な点列として現れることに注意).交差点は**ホモクリニック点**と呼ばれる*.

いま,ひとつのホモクリニック点,たとえば H_1 に着目する.

---

* 正確には,それが同じ不安定平衡点から出る安定多様体と不安定多様体とがつくる交差点であれば「ホモクリニック点」,異なる不安定平衡点のものどうしであれば「ヘテロクリニック点」と呼ばれる.

その 1 周期後，2 周期後，…の点 H_2, H_3, … は，最初は不安定多様体に沿って不安定平衡点 O から離れるが，これらの点が同時に安定多様体上の点でもあることから，時間の経過と共に不安定平衡点 O に漸近する．O 近傍の不安定多様体上で，点列 $H_1, H_2, H_3, \cdots$ の間隔は時間と共に（指数関数的に）大きくなっていくが，反対に，安定多様体にのって O に漸近している過程では，その間隔は（指数関数的に）小さくなっていく．このことから，安定多様体と不安定多様体は，それらがひとたびどこかで交差を起こすとその結果必然的に振動的な交差が発生することになる．

安定多様体と不安定多様体が織りなす複雑な構造をさらによく観察すると，次のような機構が隠されていることがわかる．それを見るために，図 4.2 のなかで H_1 を右上にもつようなグレーの方形領域を出発点としてその時間発展を追跡してみる．この領域は，時間が経つにつれて不安定多様体に次第にへばりつき，ある時点で最初の出発点の領域と図中のような交わりをもつ．初期の領域の中だけでこの変化を眺めると，位相空間の領域は引き延ばしとさらに折れ畳みを経た後，自身と 2 つの異なる部分とで交わりをもっていることがわかる（図 4.2 の右側参照）．

この過程を途中を飛ばして最初と最後だけを模式的に描くと図 4.2 左のようになるだろう．初期の領域が，あたかも馬の蹄鉄のような形をした領域に変形され，再びもとの領域と交わりをもつ．このような位相空間の引き延ばし折れ畳み過程をモデル化し，その本質的な部分のみを抽出したものは**馬蹄型力学**と呼ばれる．これは，もともとスメールが摂動に対して安定な力学系を議論する際に考え出したものであるが，カオスのエッセ

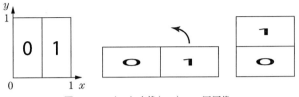

図 4.3　パイこね変換 (4.5) の 1 回写像.

ンスは基本的にはこの馬蹄型力学に尽きている．

さらに話を簡単にするために，馬蹄型力学をモデル化した，パイこね変換と呼ばれる離散力学系を考えよう．**パイこね変換**とは，図 4.3 のように $[0,1] \times [0,1]$ の領域を，最初に横に 2 倍に引き延ばし，次に引き延ばされた領域を 2 等分し，2 等分されたうちの右側の領域を左側の領域にのせる一連の操作のことである．

2 等分された右側の領域の上下をひっくり返し，左側の領域の上にのせても以下の議論は変わらない．後者の変換は，馬蹄型力学と似たものになっていることがわかるであろう．議論の本質はどちらの場合も変わらないので，ここではより単純な前者の場合を考える．具体的な写像の式は別に必要ないが，領域の座標を (x,y) とすると，一連の操作 $(x,y) \mapsto (x',y')$ は

$$F : (x', y') = \begin{cases} (2x, \dfrac{y}{2}) & (0 \leq x < \dfrac{1}{2}) \\ (2x-1, \dfrac{y+1}{2}) & (\dfrac{1}{2} \leq x \leq 1) \end{cases} \quad (4.5)$$

と表される．

パイこね変換では写像の回数 n が時間の役割を果たすが，まず，写像を繰り返し回数 n が大きくなると何が起きるかを考えてみよう．図 4.4 に見るように，F を 1 回施すごとに黒と白に色分けされた領域は倍々に増えていく．仮に一辺の長さが 1 cm とすると，n 回写像後，縞模様の幅は $1/2^n$ cm になる．これは，

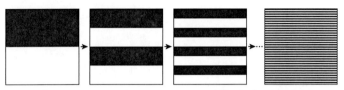

図 4.4 パイこね変換を繰り返すことで白黒の領域が際限なく細かくなる様子.

たかだか数十回の写像の繰り返しでひとつの縞の幅が原子の大きさを下回ることを意味する．ミクロなスケールとマクロなスケールとの干渉はカオス存在下でこうして進む．その計算過程には「最初から結果を仕込んでおかなければ結果が得られない」という一種のトートロジーを不可避的に含んでいる．

カオスの動力学は不可逆性の起源とも関係が深い．パイこね変換 F には逆写像 F^{-1} が存在することから力学としては可逆である．したがって，「原理的には」時刻 $n=0$ から出発し，任意の時刻まで写像 F を繰り返し，そこから時間を逆転させ，F^{-1} を同じ回数だけ繰り返せば元の状態に戻ってくるはずである．しかし，指数関数的に際限なく細かい構造をつくり続けるパイこね変換では，その途上，わずかな誤差の混入が元の状態への復元を許さなくしてしまう．原理的には時間反転可能でも現実には時間反転することはできない，ということになる．物理では，ある解像度以上の観測を諦める操作のことを**粗視化**と呼ぶが，パイこね変換では任意の精度の粗視化に対してその可逆性が失われる．

このように，カオスを示す力学系は $t \to \infty$ に強い特異性をもつ．完全可積分な系の運動，トーラス上の軌道が $t \to \infty$ で示す振る舞いと対照的である．時間が経つにつれ縞模様は細かくなり，$t \to \infty$ でついには無限に細かい構造をつくる．それは一様

に灰色になったものと区別がつかない*. ルベーグ測度に絶対連続な一様測度に弱収束する，ときちんとした言い方をするべきかもしれない．

「特異性」が背後にあることにより，$t\to\infty$ で力学から確率が出てくる過程は，$\hbar\to 0$ で量子力学から古典力学が出てくる過程と似ているところがある．例として，井戸型ポテンシャルの固有値問題を考えてみよう．たとえば $x=0$ と $x=1$ に壁のある，井戸型ポテンシャルの規格化された固有状態は $\psi_n(x)=\sqrt{2}\sin(n\pi x)$ で，その絶対値2乗は

$$|\psi_n(x)|^2 = 1-\cos(2n\pi x) \qquad (4.6)$$

で与えられる．井戸型ポテンシャルは通常の滑らかなポテンシャル問題に比べてやや特殊で**，$\hbar\to 0$ に相当することを考えたければ $n\to\infty$ を考える必要がある．表式から明らかなように，$|\psi_n(x)|^2$ はいくら n が大きくなっても「0と2」の2つの値の間を振動するだけで，古典的な定常確率である「1」にいつまでたっても近づくことはない．前章で $\hbar\to 0$ の極限と $\hbar=0$ の極限とが同じものにならないことを強調したが，その端的な例をここにみることができる．パイこね変換において力学から確率が出てくる過程で，観測もしくは粗視化を介在させる必要があったのと同様に，量子力学が「古典化」するためには $\hbar\to 0$ による激しい振動を何らかの意味で平均化する必要がある．

---

* 斎藤信彦『カオスの物理』(物理学最前線 30)，共立出版，1992.
** 3.2節に出てきた(3.6)の反射確率の表式に $\hbar$ が出てこなかったことを思い出して欲しい．

■4.3　可積分極限における特異性

　古典力学にはカオスが存在することによる時間軸上の特異性とはまた別の意味での特異性がある．先にハミルトニアンを(4.2)のように完全可積分な系に対する摂動の形に書いた．パラメータ λ は可積分な系からの摂動の大きさを表し，通常その大きさは十分小さいことを前提とする．具体的には，地球と太陽からなる2体系に対して，月ないし木星がその摂動として加わる場合などを想像すればよい．あるいは，1.3節で例に挙げた2自由度の非調和振動子(1.8)のような簡単なモデルハミルトニアンでもよい．可積分な力学系に微小摂動が加わった(4.2)の形をしたハミルトニアンを考えることを，ポアンカレが「力学系の基本問題」と呼んだのはよく知られる．

　ここで言いたいのは，実はこの可積分極限，すなわち摂動パラメータ $\lambda \to 0$ の極限も特異極限の一種だ，ということである．しかしそれを納得するためには，古典力学の摂動論についての準備が必要であり，残念ながらここでその詳細に立ち入る余裕はない．何より悩ましいのは，これまで本書で試みてきたように，手に取って触ることのできる簡単な例なりモデルなりがこの問題にはないことである．そしてその事実が問題の難しさの裏返しにもなっている．いくつかのキーワードを手がかりにおおよその背景を説明するだけでお許しいただきたい．

　(4.2)のような形に書かれたハミルトン系に対する摂動論で，古くからよく調べられているものに**正準摂動論**と呼ばれるものがある．これは，与えられたハミルトニアン(4.2)に正準変換を繰り返し施すことにより，得られたハミルトニアンを λ の次数

の低い方から順次可積分系に変えていく手続きのことである．

正準摂動論で得られる λ のべき級数は，有限の次数で止める限りはそれは常に可積分であり続ける．そのことは逆に，もともとの系の非可積分性がその級数列の発散というかたちで顕在化することを意味する．

実際，得られる摂動級数には，よく知られる「**小さな分母の問題**」が現れ，そのためそのままの形での収束を期待することはできない．「小さな分母の問題」とは，簡単に言うと，共鳴により摂動項の分母に小さな値をもつものが現れ，それがやがて摂動級数を発散に導く現象のことである．この問題は長年にわたる古典力学の懸案事項のひとつであったが，1950年代～60年代にかけて，コルモゴロフ‐アーノルド‐モーザーの三人の数学者によって解決された．

多自由度系の問題が複雑になる理由は，詰まるところ複数の自由度が関与することによる共鳴の存在である．もちろん，**共鳴の存在**が系の非可積分性に直結するわけではないが，可積分系における共鳴が単純で制御可能であるのに対して，非可積分系におけるそれはあらゆるスケールにわたる極めて複雑なものであることは決定的な違いと言わなければならない．**KAM (Kolmogorov-Arnold-Moser) 理論**と呼ばれる精緻な摂動論によってはじめて，非可積分系に現れる共鳴の制御が可能になった．KAM理論がわれわれに教えてくれたことは，摂動パラメータ λ が十分小さいときには可積分極限に存在していた準周期軌道のなかで依然として残り続けるものがあることである．そして，共鳴を回避し摂動級数を収束させることに細心の注意を要するその裏には，当然のことながらカオスの存在がある．

現実の物理現象に広く現れる最も一般的な力学系は，ひとつ

の位相空間内に可積分軌道とカオス軌道とが共存・混在する混合系である．その位相空間は**混合位相空間**と呼ばれ，その中には，安定(ないし不安定)周期軌道，準周期軌道，カオス軌道など，運動の質的形態を異にする様々な不変集合がひとつの位相空間内を非一様，また自己相似的に棲み分ける．可積分極限 $\lambda \to 0$ のもつ特異性を明らかにすることは，このような最もありふれた力学系を理解することでもある．その特異性は，パイこね変換など純粋にカオスだけが運動を支配する「理想カオス系」とは比較にならないほど複雑である．

■4.4 量子カオスと特異極限

そろそろ話をもとに戻そう．量子力学は $\hbar \to 0$ で古典力学に特異的に漸近するが，その先にある古典力学が多自由度になると古典力学自体が特異性をもってくることを説明した．そしてここでは 2 つの意味での特異性を指摘した．ひとつはカオスがもつ $t \to \infty$ における特異性，もうひとつは，摂動のパラメータ $\lambda \to 0$ の極限に潜む特異性である．多自由度系での問題はこれらのおかげで当然のことながら複雑になり難しくなる．しかしそれとは引き替えに，量子と古典の間に横たわる世界は格段に豊かなものになる．容易に想像されるように，$\hbar \to 0$ と $t \to \infty$，もしくは，$\hbar \to 0$ と $\lambda \to 0$ の特異極限は互いに交換しない．それは，どのような虫眼鏡を使って拡大するか，何にフィルターをかけるかによって見えるものが変わってくるからである．「量子カオス」と呼ばれる研究分野があるが*，これまで説明してきた流

---

* この言葉は，「古典カオス」のように数学的，物理的な概念を指す言葉ではない．

れから，量子カオスの論点はこの特異性の絡み合いにある，と言いたいところである．しかし，実はいまのところ研究の最先端ではその肝心な部分にまでは手が届いていない．その困難さがどこにあるか最後に述べたい．

そのためにまず，1.4 節で紹介したアインシュタインの疑問に対する答えを示しておこう．アインシュタインはボーアの量子化条件の多自由度版を提案した．と同時に，自らの提案した量子化条件が，実は黒体放射の問題を説明するために必要な状況，すなわち，エルゴード性をもつような系に適用できないことを冷静に分析していた．これ自体は驚くべきことであるが，残念ながら本物の量子力学が登場してしまったあとに，アインシュタインを含めわざわざ時代に逆行する人が出てくることはなかった．ボーアの量子化条件の代替物が検討されることなく放置されていたことに何の不思議もない．

アインシュタインによる疑問の提示後，ようやく 50 年経って現れた EBK 量子化条件の正統な嫡子は，その姿をまったく変えて現れた．それは，われわれが「量子化」に対してもっている素朴なイメージを完全に打ち砕くものであった．いまカオス系の固有エネルギーの状態密度を $d(E)=\sum_{n=1}^{\infty} \delta(E-E_n)$ と書くとき，それは以下のような形をとる．

$$d(E) \approx \bar{d}(E) + \frac{1}{\pi \hbar} \sum_p \sum_{n=1}^{\infty} T_p A_{p,n} \cos(nS_p/\hbar) \qquad (4.7)$$

ここで，$\bar{d}(E)$ は平均の状態密度，p の和は系のもつすべての周期軌道に関する和を表す．S_p は周期軌道 p の古典作用，$T_p = \partial S_p / \partial E$ はその周期，$A_{p,n}$ は各周期軌道の安定性に関わる振幅因子である．答えだけで途中の導出を書かないのは大きな減点対象だが，最終章ということでおおめに見ていただきたい．跡

公式と呼ばれる表式(4.7)は1960年代後半から70年代前半にかけて，グッツウィラー，バリアン–ブロッホらによって導出された*.

ボーアの量子化条件(1.1)はもはやその跡形もない．大事なのは量子化条件の表現の違いではない．量子化のロジックがまったく違うことである．ボーアの量子化条件では系の周期軌道の上に定在波が立つことがその量子化条件の意味であった．また1.3節で触れたように，多自由度系であっても系が可積分であれば，量子化条件(1.13)を満足するトーラスが量子状態の対応物として1つ定まった．多自由度系では厳密には必ずしも軌道の上に定在波が立つわけではなかったことは1.3節でも注意したが，1つのエネルギー固有状態が1つの古典的な不変集合に対応する点では大きな違いはない．

ところが系がカオスになると，固有状態と量子化されるべき対応物の間にある1対1の対応が崩れる．(4.7)の表式には明示されていないが，カオスを示す系ではその周期軌道 p の数はその周期に対して指数関数的に増大する**．例として挙げたパイこね変換を思い出してもらえればそのことはすぐに納得できる．パイこね変換は x 方向に2倍，y 方向に1/2倍するような写像であったので，x 座標，y 座標ともに2進数で表すとその性質がわかりやすい．いま初期の x, y 座標をそれぞれ

$$x_0 = 0.s_1 s_2 s_3 \cdots \qquad y_0 = 0.s_0 s_{-1} s_{-2} \cdots$$

---

* M. C. Gutzwiller, *J. Math. Phys.*, **10** (1969) 1004; **11** (1970) 1791; **12** (1971) 343. R. Balian and C. Bloch, *Ann. of Phys.*, **60** (1970) 401-447; **63** (1971) 592.

** きちんと言うと，(4.7)の表式が適用されるのは，上で例に挙げたパイこね変換のように，すべての軌道がカオス的に振る舞う場合である．

と 2 進表示すると(ただし $s_i=0$ or 1),1 回写像を行った $(x_1, y_1) = F(x_0, y_0)$ は

$$x_1 = 0.s_2 s_3 s_4 \cdots \qquad y_1 = 0.s_1 s_0 s_{-1} \cdots$$

となり,x 座標の小数第一位を y 座標の小数第一位に送るだけで写像を書くことができる.このことから,周期点な $\{s_i\}_{i=-\infty}^{\infty}$ の列はすべてこの写像の周期軌道であることがただちにわかり,その数が周期の長さ N に対して 2^N の速さで増えていくことが導かれる.また,パイこね変換が定義される $[0,1]\times[0,1]$ の領域内のすべての有理点(各座標が有理数になっているような点)はすべて周期軌道であることから周期軌道は領域内に稠密に分布することもわかる.

このように,跡公式(4.7)の右辺に現れる周期軌道の増え方は指数関数的な増大度をもつ.一方,左辺に出てくるエネルギー固有状態 $\{E_n\}_{n=1}^{\infty}$ も無限個であるが可算であり,明らかに両辺の数のバランスが合わない.可積分系がもっていた固有状態と周期軌道との 1 対 1 の対応が崩れ,「すべての周期軌道」と「すべてのエネルギー固有値」という,まったく違ったロジックがその量子化条件に取って替わる.

「カオスの量子化(Quantization of chaos)」のキャッチフレーズの元に,ここ 20 年以上の間,異なる分野の研究者を巻き込みながらこの問題を巡ってさまざまな議論が交わされた.そこには再び,(4.7)に出てくる周期軌道に関する無限和の発散が大きな問題として出てくる*.残念ながら,厳密なレベルで決着の付いたと言える問題はいまもってそれほど多くないが,問題の

---

* 発散級数の話に辟易している読者がいる可能性が高いのでここでは割愛したい.

所在が実は数学者が古くから問題にしてきたさまざまな**ゼータ関数**と深く関係することがわかってきたことは最大の成果と言えるかもしれない．実は，グッツウィラーらに先立つこと10年以上前に，数学者のセルバーグが定負曲率面上の測地流の問題に対して，内容的にはグッツウィラーの跡公式と等価な跡公式——**セルバーグの跡公式**と呼ばれる——を発見していた．また，そこから導かれるセルバーグのゼータ関数，さらには，素数の問題で有名なリーマンのゼータ関数との関連が明らかにされたことは多くの数学者の興味を刺激した．

ここでは，本章で考察してきた「特異極限の絡み合い」という観点に戻って，おそらく未だその定式化すら覚束ないいくつかの問題点を述べることで本書を終わりたい．

問題にしたいのは，跡公式(4.7)の右辺と左辺と結びつける $\approx$ の意味するものである．前章で詳しく見たように，量子と古典とを結びつける最も進化した手法はWKB解析である．省略してしまった導出の中に隠れていることになるが，跡公式(4.7)にある $\approx$ は，その起源を辿れば2.5節で紹介した経路積分に対する定常位相近似，ないしは鞍点近似に行き着く．これは，前章の話で言えば $\hbar$ の展開の主要部だけを取ったことに相当するものである，しかし，そこで繰り返し強調したように，$\hbar$ による展開はたかだか漸近展開でしかない．主要部だけを取ることによる誤差評価について，2.5節においてその最も粗い見積もりを与えたが，その誤差評価についての正確なところは実はあまりよくわからない*．

$\hbar \to 0$ と共に漸近的に古典力学に接近するのであればそれで十分ではないか，と思うのは早計である．もう一方の極限 $t \to \infty$ からくる特異性があるからである．図4.4で見たように，時間

が経つと古典カオスはいくらでも細かい構造を作る．したがって，$\hbar$がいくら小さくても，文字通り「時間の問題で」その$\hbar$から決まる不確定性の限界を越えてしまう．

2.5節で取り上げた，焦点の指数関数的増大も頭の痛い問題である．焦点が現れるのは図2.7でみたように，時間発展した古典軌道の集合の折り返し点においてであった．まったく同じ理屈で，図4.2で示した馬蹄力学によって発生する折れ曲がり点は焦点になる．カオスの特徴は，折れ曲がり点が時間と共に指数関数的に増え，無限大の時間が経過したのち稠密に分布することである．カオス系のWKB近似は果たしてどこまで有効なのか，筆者の知る限り，この問題が議論し尽くされたという話は聞いたことがない．

$\hbar \to 0$の極限を制御する最も洗練された方法は，前章で紹介した完全WKB解析であろう．そこには，通常のWKB近似があまり意識することのない「古典軌道の相関」という大事な問題が浮かび上がってきた．完全WKB解析の目指すところのひとつは実は微分方程式の大域解構成であるが，物理的に見ればそれは，古典軌道を表現するもの（局所的WKB解）と波動（それらの間の大域的なつながり）の両方を取り込む作業と解釈することができる．通常独立に処理されるWKB解が，指数関数的に小さい地下水脈を通じて連絡し合っており，その地図に相当するものがストークス幾何学であった．では，1自由度系で力を発揮するこれらの方法が，カオスを古典極限にもつ系でどこま

---

* その意味で，$\hbar$に関する漸近展開が現れないセルバーグの跡公式を「カオスの量子化」のプロトタイプとして研究する数学者のアプローチはまったく正しい．セルバーグの跡公式が対象とする系は，定負曲率をもつ面上での自由粒子であってその古典作用は運動量項だけをもつ2次形式となり近似の必要がない．

で有効なのか．それについては今後の発展を待たなければならない．

あまり真剣に問題にされないのが不思議であるが，そういった精密な議論の前にはっきりさせておかなければいけない問題もある．自由度が高くなった場合のWKB近似の適用可能性である．よく知られるように，束縛状態のエネルギー固有値の平均間隔は系の自由度 d に依存する．系の線形性，非線形性に依らず，固有エネルギーの平均準位間隔 $\langle \Delta E \rangle$ は系の自由度 d に対して

$$\langle \Delta E \rangle \sim \hbar^d$$

の依存性を示す．これは，エネルギー固有状態の数が，大雑把に見積もって対応する古典系の位相空間の体積が $\hbar$ だけ増えるごとに1つ増えることから導かれるものである．一方，跡公式(4.7)は系の自由度に依らず形式的に同じ形を取ることが知られている．その近似 $\approx$ は，上に触れたように $\hbar$ による展開の主要部，すなわち，$\mathcal{O}(\hbar^1)$ の項までを含めそれ以降を無視したことからくる．そのため誤差として少なくとも $\mathcal{O}(\hbar^2)$ が見込まれるが，この誤差は系の自由度 d には依らない．このことは 2.5 節で見た定常位相近似，あるいは 3.9 節でみた鞍点法の手続きを思い出せば理解できよう．系の自由度に関わる情報はすべて古典作用の中に込められており，$\hbar$ の展開には表向きまったく出てこない．つまり，跡公式(4.7)の誤差は系の自由度に依らず一定の $\hbar$ 依存性を示す．それに対して，平均準位間隔 $\langle \Delta E \rangle$ は系の自由度 d が大きくなるにつれて小さくなる．この素朴な議論が正しいとすると，$d=2$ はかろうじて境界にあるとしても，$d \geq 3$ では明らかに跡公式(4.7)によって各エネルギー固有状態を

分解することができなくなる*. これまで数値計算を含む跡公式を巡る多くの研究は $d=2$ の場合に集中しており，そこでうまくいったことが任意の自由度について成り立つかは，実はあまり検証の行われていない命題である.

以上，古典カオスが $t\to\infty$ にもつ特異性ばかりを強調してきたが，物理の問題としてより重要なのは，古典力学がもつ摂動パラメータ $\lambda\to 0$ での特異性である．これについては，跡公式(4.7)に相当する閉じた古典量子化条件すら知られていない体たらくであることだけを指摘しておく．古典と量子の間を議論するその出発点すらまだ定まっていないことになる．一方で，現実に存在するほとんどすべての系は実はこのクラスに属する．このことは再度強調しておきたい．

完全WKB解析の創始者の一人でもあり，また，量子カオスの研究でも重要な寄与の多いヴォロスは，このような状況を踏まえた上で以下のような予想を述べている**.

First, the quantal corrections, however small in the domain of convergence, may grow under the analytical continuation process so much as to make the approximation (4.7)*** useless at real, finite energies. Second, the semiclassical regime ($E\to\infty$ or $\hbar\to 0$) requires any asymptotic eigenvalue formula to become increasingly accurate, which in turn requires an infinitely detailed knowledge of the distributions of large actions in the periodic or-

---

* 実際，それを主張する数値計算結果もある．たとえば H. Primack and U. Smilansky, *J. Phys.*, **A31** (1998) 6253.
** A. Voros, *J. Phys.*, **A21** (1988) 685.
*** 原文で参照されているのは，跡公式をゼータ関数の形で表現したものであるが，意味は変わらないのでここでの跡公式(4.7)に差し替えた．

bit sum. Consequently, we believe that *for a general chaotic system there cannot exits a semiclassical quantization condition more explicit than the specification of the quantized Hamiltonian itself**.

「一般のカオス系には半古典量子化条件は存在せず,量子化されたハミルトニアンを書き下す以上のことはできない」.WKB 解析と量子カオスの両方の問題に精通する人の言葉だけに重みがあるが,これは何を意味するのだろうか? ここで言う「半古典量子化条件」とは,前期量子論のなかでのボーアの量子化条件(1.1)に相当するものである.もともと前期量子論は,量子力学が完成されるまでの足場に過ぎないのであるから,別にボーアの量子化条件などなくても量子力学さえわかっていれば構わない,すべて量子力学から出発さえすればよいのであって,極端なことを言えば古典力学など捨ててしまってもよい,そういう立場にも一定の説得力がある.

しかしながら,古典力学は日常スケールの物体の運動を記述する力学法則としては確固たる基盤をもちその正しさを疑う人はいない.特異極限の観点から流体力学とのアナロジーを引き合いに出したが,粘性流体の特異極限として現れる完全流体は現実には存在しない,いわば架空の理想極限であるが,$\hbar \to 0$ で現れる古典力学はそうではない.いまのところ古典・量子ともに既存の理論を修正する根拠がない以上,半古典量子化条件を書き下すことが不可能である事実から目をそらすわけにはいかない.そしてもしそれが本当であるならば,一般のカオス系においては $\hbar \to 0$ の極限で量子力学 → 古典力学の関係にあること

---

* イタリックは筆者.

を「判定する術がない」ということになる．もちろん，数値計算により量子力学が古典力学に漸近していく傾向にあることを確認することは可能であろうが，このような大事な問題を数値計算で得られた傍証を挙げるだけで済ませるわけにはいかない．

　しかし仮に，厳密なレベルで古典と量子のつながり方がわからなくとも，絡み合う特異極限の背後には多彩なものが隠れていることは十分期待して良かろう．物質のマクロな形態が不連続に変化する相転移現象は極めて興味深い物理現象のひとつであるが，よく知られるように有限系で相転移が起こることはない．系が熱力学極限に向かうと同時に外部パラメータ（温度，圧力，外部磁場など）が臨界値を取ったときはじめて相転移という特異な現象が起こる．微視的なレベルまで遡った相転移の機構がすべて解明し尽くされたわけではなくても，われわれは物理現象としてその面白さを十分理解することができる．

参考文献

脚注の中ですでに挙げたものと重なるが，本書と関わりの深い文献を単行本を中心に挙げる．

第1章

歴史を踏まえた前期量子論の解説は，

[1] 朝永振一郎：量子力学 I，みすず書房，1969．

多次元可積分系の古典量子化条件については，

[2] I. C. Percival : Semiclassical theory of Bound States, *Adv. Chem. Phys.*, **36** (1977) 1-61.

に詳しい．

第2章

本書で扱った経路積分とその半古典近似に関しては，

[3] L. S. Schulman : *Techniques and Applications in Path Integration*, Wiley, New York, 1981.

が丁寧．

第3章

古い文献だが WKB 解析を広く網羅したレビューとして，

[4] M. V. Berry and K. E. Mount : Semiclassical approximations in wave mechanics, *Reps. Prog. Phys.*, **35** (1972) 315-397.

また，WKB 解析に出てくるストークス現象とその応用について，

[5] J. Heading : *An introduction to phase integral methods, Methuen's monographs on physical subjects*, Wiley, 1962.

などがスタンダードな文献となっている．漸近解析について和洋とりまぜて古い順に並べると

[6] F. W. J. Olver : *Asymptotics and special functions*, AK Peters, Wellesley, Massachusetts, 1997. Originally published: New York Academic Press, 1974.

[7] 大久保謙二郎・河野實彦：漸近展開，シリーズ新しい応用の数学12，教育出版，1976．

[8] 江沢洋：漸近解析，岩波講座応用数学[方法5]，岩波書店，1995．

[9] 河合隆裕・竹井義次：特異摂動の代数解析学，岩波書店，2008．

[10] 柴田正和：漸近級数と特異摂動法――微分方程式の体系的近似解法，森北書店，2009．

などがある．漸近解析の広がりを反映して，それぞれ立場もアプローチも異なる．完全WKB解析については，文献[7]を当たっていただきたい．

第4章

カオスに関しては，

[11] R. L. Devaney：新訂版カオス力学系入門 第2版，後藤憲一訳，國府寛司・石井豊・新居俊作・木坂正史共訳，共立出版，2003．

[12] M. W. Hirsch, S. Smale and R. L. Devaney：力学系入門――微分方程式からカオスまで，桐木紳・三波篤郎・谷川清隆・辻井正人共訳，共立出版，2007．

前者は写像力学系，後者は主として連続時間力学系（微分方程式）におけるカオスを扱っている．量子カオスに関しては，

[13] *Les Houches Lecture Notes, Summer School on Chaos*

and Quantum Physics, M. J. Giannoni, A. Voros, and J. Zinn-Justin, eds, Elsevier Science Publishers BV, 1991.

[14] P. Cvitanović, R. Artuso, R. Mainieri, G. Tanner, G. Vattay, N. Whelan and A. Wirzba : *Chaos: Classical and Quantum*, ChaosBook.org, Niels Bohr Institute, Copenhagen, 2009.

[15] M. C. Gutzwiller : *Chaos in classical and quantum mechanics*, Springer, 1991.

[16] H. J. Stöckmann : *Quantum Chaos: An Introduction*, Cambridge University Press, 2007.

などがある．量子カオスの数学とのつながりとして，

[17] N. L. Balazs and A. Voros : Chaos on the pseudosphere, *Phys. Rep.*, **143** (1986) 109–240.

[18] E. B. Bogomolny, B. Georgeot, M. -J. Giannoni and C. Schmit : Arithmetical chaos, *Phys. Rep.*, **291** (1997) 219–324.

なども参考になるかもしれない．

索　引

英数字

EBK の量子化条件　12, 105
KAM 理論　103
WKB 解析　26, 55, 79
WKB 近似　56, 58, 110
WKB 法　55

ア 行

アイコナール近似の条件　26
安定多様体　96, 98
鞍点法　86
位相空間　4, 14, 110
ウィーンの変位則　5
エアリー関数　64, 80, 87
エアリーの微分方程式　64
エーレンフェストの定理　28
エルゴード性　16, 105
演算子のエルミート性　23
オイラー方程式　93

カ 行

カオス　18, 94
可積分極限　102
火点　43
完全 WKB 解析　84, 109, 111
完全可積分　12, 95
完全可積分系　94
完全流体　93
逆ラプラス変換　76
共鳴の存在　103
極小波束　30, 34, 44,
経路積分　37, 38
交換子　21
古典軌道　10, 38, 109
古典的転回点　8, 27, 82
古典量子化条件　11
混合位相空間　104

サ 行

最急降下線の方法　86
作用積分　4, 6, 12, 38, 41
散乱問題　50, 60
周期軌道　10, 106, 107
自由粒子　32
焦点　43
水素原子　6
ストークス幾何　84, 109
ストークス係数　82
ストークス現象　73, 78, 89
ストークス線　83
正準摂動論　102
ゼータ関数　108
跡公式　105, 108, 111
積分核　37, 39
摂動展開　8
セパラトリックス　96
セルバーグの跡公式　108
セルバーグのゼータ関数　108
前期量子論　1, 6, 19

漸近級数　62, 63, 68, 71
漸近展開　47, 65
総和法　74
粗視化　100

タ 行

断熱不変量　5
小さな分母の問題　103
超幾何関数　81
超漸近展開　90
調和振動子　6, 40
転回点　12
透過係数　51
トーラス量子化　14
特異極限　48, 94, 112
特異摂動問題　49
ド・ブロイ波長　52
トンネル解　65, 90

ナ 行

ナビエ-ストークス方程式　92

ハ 行

パイこね変換　99, 106
ハイゼンベルク形式　21
馬蹄型力学　98
ハミルトンの主関数　25
ハミルトン-ヤコビの偏微分方程式　11
反射係数　51, 61

非調和項　7, 9, 20, 31, 33
不安定多様体　96, 98
不可逆性　100
閉軌道　10
変数分離系　14
ポアソン括弧　21
ボーアの対応原理　19
ボーアの量子化条件　4, 6, 9, 41, 94, 105
ポアンカレ写像　97
ホモクリニック点　97
ボレル総和法　76, 79
ボレル変換　75, 76, 80
ボレル変換のリーマン面　85
ボレル和　75, 76, 80

ヤ 行

ヤコビ場　42

ラ 行

リーマンのゼータ関数　108
理想カオス系　104
リュービルの定理　14
量子演算子　23
量子カオス　104
レイノルズ数　49, 93

ワ 行

ワイルの方法　23

■岩波オンデマンドブックス■

岩波講座 物理の世界　量子力学3
古典と量子の間

2011年2月24日　第1刷発行
2025年5月9日　オンデマンド版発行

著　者　首藤 啓
　　　　（しゅどう　あきら）

発行者　坂本政謙

発行所　株式会社 岩波書店
　　　　〒101-8002　東京都千代田区一ツ橋2-5-5
　　　　電話案内　03-5210-4000
　　　　https://www.iwanami.co.jp/

印刷／製本・法令印刷

© Akira Shudo 2025
ISBN 978-4-00-731563-3　　Printed in Japan